低渗透油藏提高采收率方法

曹 毅 ◇ 著

中国石化出版社

图书在版编目（CIP）数据

低渗透油藏提高采收率方法/曹毅著.
—北京：中国石化出版社，2018.8
ISBN 978-7-5114-4963-4

Ⅰ.①低… Ⅱ.①曹… Ⅲ.①低渗透油层-油田开发
Ⅳ.①TE348

中国版本图书馆 CIP 数据核字（2018）第 166542 号

未经本社书面授权，本书任何部分不得被复制、抄袭，或者以任何形式或任何方式传播。版权所有，侵权必究。

中国石化出版社出版发行
地址：北京市朝阳区吉市口路9号
邮编：100020　电话：(010)59964500
发行部电话：(010)59964526
http://www.sinopec-press.com
E-mail:press@sinopec.com
北京柏力行彩印有限公司印刷
全国各地新华书店经销

*

787×1092 毫米 16 开本 7.5 印张 206 千字
2018 年 8 月第 1 版　2018 年 8 月第 1 次印刷
定价:38.00 元

Foreword 前 言

世界范围内的低渗透油藏分布广泛，目前勘探发现的新油田75%以上属于低渗透油藏。低渗透油藏的基本特征是孔隙度和渗透率低、微裂缝比较发育，自然能量开发效果差，在注水/注气开发过程中，容易产生驱替介质窜流的问题。驱替介质的无效流动严重影响了低渗透油藏的开发效果，增加了油藏开发成本。为了提高低渗透油藏的开发效率和最终采收率，研究适用于低渗透油藏的调剖封窜体系及其影响因素，为低渗透油藏高效开发提供有力的技术支撑势在必行。

为了深入研究适用于低渗透油藏的提高采收率方法，笔者在多年研究的基础上，经过不断地积累完善，编写完成了《低渗透油藏提高采收率方法》一书。全书共分为五章，第一章主要介绍了低渗透油藏窜流问题研究过程中涉及的基本概念和国内外对于窜流问题的研究现状；第二章对比分析了分散体系、弱凝胶体系、强凝胶体系、含油污泥调剖体系四大类调剖封窜体系的评价方法，重点介绍了笔者建立的凝胶调剖性能评价方法；第三章通过调剖剂性能评价实验和物理模拟实验研究了聚合物微球乳液、含油污泥调剖体系和凝胶型调剖封窜体系在低渗透油藏中的适应性；第四章以凝胶强度和成胶时间为主要指标研究了地下聚合凝胶调剖剂性能的主控因素，通过复合凝胶微观结构分析和物理模拟实验，明确了无机-有机凝胶复合作用机理及调剖封堵能力；第五章通过矿场实验评价了地下聚合凝胶调剖剂在低渗透油藏中的应用效果。

本书由"西安石油大学优秀学术著作出版基金"资助出版。同时，笔者参考了陕西省教育厅重点实验室重点科研计划项目"低渗透油藏注气（氮气、二氧化碳）提高原油采收率（项目编号09JS036）"的部分科研成果。在编写过程中，得到了中国石油大学（北京）岳湘安教授、赵仁保副教授，西安石油大学陈军斌教授、徐建平教授、聂向荣博士、龚迪光博士的指导和帮助，在此一并表示衷心的感谢。另外，对本书所引用的相关研究资料的著作者和相关研究人员表示感谢，由于篇幅有限在此不能一一列举，深表歉意。

限于笔者水平，书中难免存在不妥之处，敬请专家同行和读者批评指正。

目录

第一章 概述 (1)
第一节 窜流的普遍性 (1)
第二节 窜流对原油生产过程的影响 (3)
第三节 抑制气体窜流的方法 (4)
第四节 窜流模拟方法 (8)
第五节 二氧化碳驱油藏封窜剂 (11)

第二章 深部调剖剂性能评价方法 (14)
第一节 常规深部封窜剂评价方法分析 (14)
第二节 设计制作凝胶强度测试装置 (19)
第三节 建立凝胶强度评价方法 (21)

第三章 几类典型调剖剂在低渗透油藏中适应性评价 (27)
第一节 聚合物微球乳液深部调剖适应性评价 (27)
第二节 含油污泥深部封窜剂适应性评价 (43)
第三节 凝胶型深部调剖封窜剂适应性 (50)
第四节 三类调剖剂的对比分析 (56)

第四章 地下聚合凝胶调剖剂关键技术 (58)
第一节 成胶时间影响因素及控制方法 (58)
第二节 复合凝胶制备与强度评价 (67)
第三节 凝胶微观结构 (78)
第四节 地下聚合凝胶调剖剂特征 (81)

第五章 低渗透油藏深部调剖封窜现场实验 (87)
第一节 实验井区地质概况及开发现状 (87)
第二节 实验井区深部调剖方案及效果分析 (91)
第三节 实验井区深部调剖效果分析 (94)
第四节 矿场实验总结 (104)

参考文献 (106)

第一章 概　述

我国的低渗透油藏分布广泛，在已探明地质储量中所占比重越来越大。在近几年新增探明储量中，低渗透油藏超过75%，由此可见，随着石油勘探开发程度的进一步加深，低渗透油藏的开发已经成为我国石油勘探开发领域的重中之重。

低渗透油藏的基本特征是：储层物性差、孔隙度和渗透率低，沉积矿物成熟度低，油藏基质渗透率和裂缝渗透率差异大，导致驱替流体难以注入，基质剩余油难以启动，开发难度大。国内外低渗透油藏平均采收率仅为20%~30%，大部分原油滞留在油层基质中未被开采出来，因此采用多种提高采收率技术方法，提高低渗透油藏基质采收率是目前油田稳产的主要手段。

低渗透油藏普遍采用的提高采收率方法是注水/注气开发，但是由于低渗透油藏储层非均质性强、裂缝相对发育，导致注入流体容易发生窜流，驱替流体沿着裂缝和高渗透层带迅速窜流至油井，使油井含水率急剧增加，甚至造成油井暴性水淹，降低了低渗透油藏采收率。针对驱替流体的窜流问题，研究适用于低渗透油藏的调剖封窜剂，选择合理的调剖封窜方法治理窜流问题显得尤为重要。

第一节　窜流的普遍性

一、窜流的定义

在驱替流体注入储层过程中，驱替介质的无效流动现象都可以归结为"窜流"。一般来说，将油藏中所有导致高速无效运移的通道都称为"窜流通道"，包括：大（或特大型）孔道、天然和人工裂缝、特高渗透条带等。实际上"窜流"也是一个相对的概念，一般是指任何情况下，注入流体在油藏中的不均匀推进。低渗透油藏基质孔隙致密，流体流动阻力大，渗流规律偏离达西定律，地层压力下降速度快，依靠降低井底流压、加大生产压差提高产液量增加产油量的能力非常有限。而采用注水或者注气开发时，注入流体必然向油井流动，并沿着高渗透层带迅速突进，最终完全突破。不同油藏、不同注入工艺，驱替流体突破的时间不同。在裂缝性低渗透油藏注水或者注气过程中，注入流体突破时间和产油状况受地质条件和注入井位置等因素影响。

二、国内外窜流研究现状

1994年，Skauge A介绍了挪威布拉盖油田Fensfjord层开始非混相水气交替注入。根据模拟研究结果，在3个月后观测到气体突破。示踪剂突破能早期监测注入气突破时间和方向，并获得有关注采井间连通的重要信息。Sognesand S提到的奥塞贝格油田位于北海30/6和30/9区块的挪威管辖区中，油藏监测表明：尽管一些水平井中出现气窜现象比预计的要早，但是气驱前缘仍稳定地演变。Lee J. I. 提到，布拉佐河A、D油藏经过10多年的烃混相驱开采已出现大面积气窜，导致油层压力下降，并在油藏底部留有20~30m厚的未波及油柱。Хркмодичев M. H介绍了美国两个油田注二氧化碳开采的成功经验。尤诺卡尔公司在达拉尔霍特油田注入二氧化碳，注入过程中发现，二氧化碳被重新采出的程度很高，3/4的井中发现二氧化碳气窜。Spivak A主要介绍了向重油油藏注入不混溶二氧化碳机理研究的模拟方法，注气1个月后，注入气沿着中间层窜流进入采出井，注气体积为油藏孔隙体积的14%，增产原油占地质储量的3%。

三、窜流的主要类型

依据形成的主要原因可以将窜流分为以下三种类型。

1. 指进

由于两种流体物理性质的差异，在接触时会形成不稳定界面，驱替流体会形成特征为手指状的流体柱伸入被驱替流体中，其主要原因是排驱相流体的黏度低于被驱替相流体的黏度，因此也常称为"黏性指进"。

黏性指进会导致驱替前缘不稳定，降低驱油剂在储层中的波及效率。驱替流体的黏度低于地层原油，不利的流度比将导致黏性指进，降低波及效率。因此，在低渗透油藏水驱过程中，黏性指进的发生是不可避免的，但通过增加驱替流体黏度和降低驱替速度可以适度控制指进现象的发展。

2. 非均质窜流

非均质窜流是指驱替流体沿着高渗透层带迅速突进的现象。主要原因是由于低渗透储层纵向上存在的非均质性，比如在正韵律油层中进行注水开发，注入水将沿着油层下部的高渗透层迅速突进至采油井。

3. 裂缝性窜流

低渗透油藏裂缝比较发育，除去天然裂缝外，随着油层改造的进行，大量的人工裂缝同样广泛存在，天然裂缝和人工裂缝彼此连通形成裂缝网络。裂缝渗透率远远大于储层基质渗透率，因而驱替流体在裂缝中的流动能力强，渗流阻力小；裂缝性砂岩油田采用注水或者注气开发，注入流体很容易沿裂缝窜进，从而使注入流体无效循环，这种现象十分普遍，是裂缝性砂岩油田注水/注气开发的普遍特征。

第二节　窜流对原油生产过程的影响

低渗透油藏开发过程中，注入流体的窜流现象对油田生产过程的影响主要表现在以下两个方面。

一、窜流对生产动态参数的影响

1. 注入压力的影响

注水开发过程中，注入井的泵压随着开发动态而波动。开发初期，由于储层渗透率低，渗流速度慢，导致注入压力较高；随着油田注水开发的深入开展，在形成明显的窜流通道以后，注入压力呈明显下降趋势，表明注入水进入地层后，开始沿着窜流通道向油井突进。注二氧化碳开发过程中，初期注气压力较高，主要是因为近井地带存在污染，随着注入气量的增大，注气压力趋于稳定，气体发挥了气注入性好、扩散能力强的优势，逐步进入储层深部，但是，随着注气量的进一步增加，气体沿着裂缝发生窜流，注气压力呈明显下降趋势，表明二氧化碳气体沿着窜流通道迅速向油井突进。

2. 动态含水率及气油比的影响

注水开发窜流发生前，生产井原油含水率较低，基本处于无水采油期，低渗透油藏的无水采油期较短，有些油井甚至没有无水采油期。随着注入液量的增加，开始出现窜流现象，油井含水率迅速上升，发生严重水窜时，油井含水率上升速度特别快，甚至出现暴性水淹。而注气开发时，气窜前，生产井的气油比基本与开发初期相当；随着注气量的增加，生产井的气油比开始上升，这个阶段是油井注气开发的主要见效阶段，气油比稳定，日产油稳定；到了注气开发后期，气油比急速上升，生产井油量则明显下降，表明二氧化碳沿着窜流通道迅速突进，发生严重气窜。

3. 注入流体突破时间的影响

低渗透油藏注水后，各生产井产油量将发生明显变化，渗透率相对较高、连通性较好的生产井产量迅速增加，而渗透率相对较低、连通性较差的生产井产油量没有明显变化。随着注水开采程度提高，注入水沿着高渗透层快速突进，加快了注入流体突破速度，导致储层平面波及效率低，开发极不均衡，缩短了突破时间，此时，必须采取有效措施治理窜流问题，否则油井产油量迅速降低，导致最终采收率低。而注二氧化碳开发过程中，注气初期各生产井产出气没有明显变化，随着注气量的增加，生产井的产气量呈现上升趋势，这是由于气体具有极低的黏度和良好的扩散性能，二氧化碳气体容易快速突破，其突破速度明显比水驱突破速度快，气体突破之后，将导致垂向波及效率迅速降低，而且直接影响生产井泵效和油产量，气窜后泵效逐月降低，必须采取下气锚以及环空放气等措施，以维持油井正常生产。

二、窜流对油井产出物的影响

油田开发过程中，出现窜流问题后，油井产出的原油物性发生明显变化，快速水窜导致储层中岩石微小颗粒和层间胶结物被采出，使采出原油杂质含量升高，增加了原油处理难度。注气开发时导致产出的原油物性发生明显变化，注气后产出的原油密度明显变小，并有二氧化碳气体产出，主要原因是二氧化碳气体对原油中的轻质组分具有抽汲作用，原油中大量轻质组分被开采出来，而原油中的重质组分依然残留在油层中，而形成沥青质沉积，对油层条件造成损伤，同时油井采出水中总矿化度和碳酸氢根离子明显增加，这是因为二氧化碳与储层中的原油和岩石的相互作用，产生大量碳酸根和碳酸氢根离子，以及二氧化碳驱动束缚水流动等原因引起的。

第三节 抑制气体窜流的方法

"窜流"的发生对油田的开发影响很大，因此需要采取有效的对策来防止或治理窜流。各种抑制窜流的方法适应范围和应用效果有较大差异，需要针对具体油藏特点和窜流类型来选择和应用。同时，近年来也不断发展了一些新的抑制窜流或深部调剖的方法和技术，主要有：

一、气体增黏

近几年，一些研究者开展了二氧化碳气体增黏方法研究，二氧化碳气体增黏主要有三种技术思路：一是在助溶剂存在情况下，向二氧化碳中加入不同相对分子质量的高分子化合物，增加气体黏度，聚合物可以通过缔合、氢键或胶束的形式而形成一种具有增稠作用的空间网络结构，从而增加二氧化碳气体的黏度，增加气体在储层中的渗流阻力，降低气体流动速度；二是通过物理方法使二氧化碳处于高黏性时的物理状态，因为在超过二氧化碳气体临界温度和临界压力的条件下，超临界二氧化碳的黏度迅速增加，只要调整注入过程的控制条件，就可以改善二氧化碳的黏度；三是近年来开展的有关新型增稠剂的合成，一类是高相对分子质量的聚氟代丙烯酸盐；另一类是低相对分子质量的缔合增稠剂。

J. H. Bae 经过系列实验认为聚乙基硅氧烷聚合物（Polydimethyl Siloxane Polyer）在甲苯作为助溶剂的条件下混溶在二氧化碳中效果最好。此聚合物的动力黏度为 $600\text{mPa} \cdot \text{s}$，为证明此效果，他分别进行了聚合物优选实验、助溶剂优选实验、以及岩心采收率实验。在聚合物优选实验中，J. H. Bae 是采用最小溶解压力（MSP）来评价增稠效果的，高于溶解压力时，两种物质混溶为单相，低于最小溶解压力时，为两相，并且有盐分析出。分别在有甲苯作为助溶剂或者没有助溶剂的条件下，比较了不同聚合物的稠化条件，结果表明聚乙基硅氧烷聚合物的稠化效果最好，而且证明最小溶解压力只与助溶剂的性能有关，而与聚合物的浓度无关。在助溶剂优选实验中，尽管其他助溶剂也具有很好的溶解性能，但是考虑到在实际运输过程中的经济费用问题，还是采用甲苯作为助溶剂。六组四根岩心的采收率实验表明，二氧化碳增稠后不但可以加快并且提高原油采收率，而且可以延缓气体突破时间。J. H. Bae 等还利用硅聚合物和甲苯作为助溶剂，通过与水气交替、单纯气体驱替相比较，结果表明增稠后的二氧化碳可以有效地控制二氧化碳气窜。Jianhang Xu 等采用氟化丙烯酸酯与苯乙烯的共聚物来对二氧化碳增稠，结果表明二氧化碳的黏度随共聚物浓度的增加而增加。

二、水气交注

水气交替注入法（WAG）是注气驱油技术和注水驱油技术组合而成的提高原油采收率方法，主要目的是为了控制二氧化碳与原油的流度比，防止二氧化碳过早窜流。第一次采用气水交替注入的油田可以追溯到 1957 年加拿大阿尔伯塔省（Alberta）的 Nirth Pembina 油田。随后，对 WAG 方法的研究开展得很迅速。目前，许多水气交替注入是在水驱开采之后，为提高水驱开发效果而加以应用的。水驱开发油田中，以非均质严重的正韵律油层的开发效果最差，是水气交替注入的重点研究对象。

1. 水气交替注入提高采收率的机理

同水驱开采相比，水气交替注入的开采机理可归纳为：通过水气交替注入降低水油流度比，从而达到增加水驱波及体积的目的；通过水气交替注入，降低水驱过的油层残余油饱和度，提高驱油效率；在重力分异作用下，注入气可以波及到正韵律油层中上部未波及区域，注入水可以波及到正韵律油层中下部未波及区域，提高二氧化碳的波及效率和驱替效率；水气交替注入同时也降低了气相的渗透率，从而降低了气体的流度，减缓了气窜的发生。

WAG 驱的方案设计和实施对提高采收率项目的操作和经济效益至关重要。通过研究预计每次注入流体段塞为 0.1% ~2% 孔隙体积，水气比为 0.4 ~0.5 可使 WAG 水循环过程中含水饱和度提高，气循环过程中含水饱和度降低。WAG 过程引起的驱替机理出现在三相区域内，水气交替注入的周期特性产生吸液和泄气特点，是 WAG 提高注入能力的原因之一。假如油和水有相同的流速，那么它应该是气水交替注入驱油的最优条件。由于油藏中存在各种因素，这一最优化条件在油藏中的有限范围内可能会发生，通常发生在水气混合带。因而，针对每一个油藏最优的水气交替注入方案是不一样的，对特定的油藏最优的设计有其特殊性，往往还需要进行特殊的研究。

2. 水气交替注入的影响因素

在 WAG 驱替时要考虑如下几方面的因素：

（1）水气比。水气比在一定程度上控制了水、气在油层中的流动速度，如果水的流速比较快，水可以捕集气体不能驱替的残余油；如果混相的气体流速比较快，驱替前沿将向原油相指进突破，从而导致段塞完整性地破坏。因此，两种流体应当在适当的比例下注入，在该比例下，流体在地层中的流速（大致）相等。

（2）水、气交替注入量。用于计算水气比的理论是假设水、气同时流动，然而水、气都是交替注入的，这样做一方面是由于施工的方便，另一方面是可以在井底附近产生混合液体，以降低气体流动能力。当注入水在储层中水平流动时，气体的流动是不稳定的，水、气依次交替注入，可以改变水、气在油层中的相互分离的状态。

（3）随注入段塞的增加采收率也随之增加，但是必须考虑经济效益的合理性。油田试验的二氧化碳段塞多为40% HCPV（烃孔隙体积）左右。对于每一个具体的油田都存在一个最优的经济参数，但是都是倾向使用较大的段塞。

3. 水气交替注入的制约条件

在水气交替注入法应用过程中，逐渐认识到影响 WAG 特性的重要技术因素主要有：非均质性（层理和各向异性）；润湿性；流体性质；混相条件；注入技术（与恒定的 WAG 设计相反的锥形 WAG 设计）；WAG 参数；物理弥散；流体流动几何形状（线性流、径向流和井网方式的影响）等。但同时，在应用过程中，该方法也遇到了一些缺点。以二氧化碳水气交替为例：首先，WAG 法中引入的流动水可能造成水屏蔽；其次，WAG 法可能引起潜在的重力分层问题；第三，二氧化碳和水之间的密度差异常使它们在注入过程中就迅速分离，使水防止二氧化碳指进与窜流的能力大大降低。频繁地交替注水，将增加油层的水相饱和度，一方面引起二氧化碳向水相中分配而损耗，另一方面会增强水相水阻效应、降低二氧化碳与原油的接触效率；第四，在二氧化碳与原油进行多次接触的混相驱时，水气交替注入会破坏二氧化碳抽提作用的连续性，使混相带难以形成，因而导致二氧化碳的驱油效率降低；而且，二氧化碳与水混合会生成强腐蚀的碳酸。这样就要求相关设备使用特殊金属合金材料和镀防腐层。不同的水气决定了水和气在油层中流动速度不同。依据驱替前缘的推进速度控制合理的气水比，保证气和水在有层中流速基本相等，防止驱替前缘推进速度过快和气体的突破。水气交注过程中必须重视这些问题对整体驱替效果的影响。

三、二氧化碳泡沫

对泡沫应用于石油领域中的研究始于 20 世纪 50 年代，1958 年，Bond 和 Holbrook 在其申请的专利 "Gas Drive Oil Recovery Process" 中就首次提出了在气驱过程中利用泡沫降低气体流度的思路。泡沫提高采收率主要归功于气体渗透率的降低延缓了气体的突破速度。二氧化碳泡沫抑制窜流的优势在于：一方面，泡沫黏度大于组成泡沫的气体和表面活性剂的黏度，泡沫驱替时黏滞阻力增大，有利于抑制二氧化碳气体的窜流；另一方面，大量的二氧化碳气体束缚在孔隙中占据了气体流动通道，提高了微观驱替效率并降低了气体突进速度。

二氧化碳泡沫封堵及提高驱油效率的机理主要是泡沫较高的黏度改善了与原油的流度

比，可以控制气体指进、降低气液产量比、推迟二氧化碳气体的突破时间，从而大幅度提高采收率。二氧化碳泡沫的封堵及提高驱油效率的机理表现在：①泡沫对高渗透带的选择性封堵；②泡沫对高含水层的选择性封堵；③泡沫封堵后能产生液流转向作用；④泡沫的液相成分中含有表面活性剂，能大幅度降低油水界面张力，提高驱油效率；⑤泡沫的液相具有较高的黏度，可改善与油的流度比，减少指进，提高波及体积；⑥泡沫中的气组分在气泡破裂后产生重力分异，波及到注入水难以进入的微小孔隙，扩大了波及体积，提高了驱油效率。

虽然二氧化碳泡沫能有效地抑制气体窜流，但是在应用二氧化碳泡沫抑制窜流时，同样存在其自身缺点，当体系温度和含盐度增高至某一临界值后，即使是水溶性很强的表面活性剂也将失去稳定二氧化碳泡沫的能力，有原油存在时这种情况更为明显。而且选择起泡剂作为气、水交替注入技术的流度控制剂时，应综合考虑起泡剂的静态和动态性能测试评价结果。许多高温高盐油藏，对于泡沫剂的选择要求更为苛刻，主要的选取原则有：稳定性好；发泡能力强；岩石吸附损失小；在地层盐水中能溶解；物理化学性质稳定；来源广，价格便宜。

四、凝胶深部封窜技术

水气交替、泡沫被用来控制早期气窜，但是其封堵强度较小，对于特低渗透储层的剩余油启动并不是非常有效，针对这一问题，学者们研究了封堵强度更大的凝胶深部调剖封窜剂来抑制驱替流体的窜流。

堪萨斯州大学针对此应用进行了室内实验研究。实验主要研究了三种方法来控制砾岩中的超临界二氧化碳，其中前两种方法利用的是一种叫 KUSP1 生物聚合物，此聚合物在 pH 值大于 10.8 时溶解，但是当 pH 值小于 10.8 时就会生成凝胶。第三种方法采用磺基化间苯二酚与甲醛反应生成凝胶。KUSP1 的凝胶研究通过了两种方法，第一种方法是在低压下向饱和有碱溶性聚合物溶液中的砂岩岩心注入二氧化碳，发现渗透率降低 80% 左右，（二氧化碳和盐水）当用超临界二氧化碳来促使成胶时，也可以得出相似的结果，并且继续注入大量 PV 超临界二氧化碳后，凝胶仍能够保持稳定。第二种现场成胶方法采用了一种酯，乙二邻苯二甲酸酯在碱性溶液里水解导致 pH 值下降进而生成凝胶，并且岩心渗透率降低到 $1 \times 10^{-3} \mu m^2$，封堵效率达到了 $95\% \sim 97\%$。第三种凝胶体系，是由磺甲基间苯二酚与甲醛反应，这种胶被称作 SMRF，在于盐水和超临界二氧化碳解除条件下就地成胶，二氧化碳气测渗透率为 $1 \times 10^{-3} \mu m^2$ 或者更低，这相当于自封堵前盐水水测渗透率降低了 99% 左右，并且凝胶有很好的稳定性。

Martin 采用铬元素作为交联剂交联聚丙烯酰胺或者磺原胶聚合物，生成的凝胶来封窜。为了使铬元素能够很好地交联聚合物，正六价的铬离子（如重铬酸钠）通过使用还原剂（如偏亚硫酸氢钠、硫脲、硫代硫酸钠）降价到正三价的铬离子。然后将三价铬离子的物质混溶在聚合物溶液中。另外一种方法是直接注入丙烯酰胺单体使之就地聚合，这样得到的聚合物就和一种有机物发生交联，美国阿肯色州的非混相采油中采用了后一种方法。

中国石油大学（北京）岳湘安课题组研制了一种耐温耐盐聚丙烯酰胺类堵剂，在一定的条件下，当在硅酸钠溶液中加入丙烯酰胺单体、交联剂 N-N 亚甲基双丙烯酰胺以及引发剂过硫酸钾后，丙烯酰胺单体发生聚合反应形成聚丙烯酰胺，具有一定的网络结构，这样就将强度不大的硅酸钠无机凝胶嵌套在网络结构中，形成了一种聚合物凝胶和无机凝胶的复合材料，大大加强了无机凝胶的强度。另外，由于硅酸钠凝胶的存在，增加了网络结构自身强度，生成的凝胶与岩石颗粒有一定的黏接力，从而明显提高了体系的封堵强度。

五、沉淀法深部封窜技术

1. 化学反应沉淀

化学沉淀法封窜其基本原理就是水解呈碱性的盐溶液（如镁盐、钙盐、钡盐）与注入的二氧化碳气体反应生成碳酸盐化学沉淀，从而达到封堵的效果。P. S. Puon 等对此问题进行了一定程度的研究并开展了部分室内评价实验。实验分为静态、动态实验、选择性流度控制实验。

2. 盐沉淀

Zhu 等提出通过在岩心中注入浓的盐溶液作为前置液，然后再注入乙醇，由于乙醇降低盐类在盐水中的溶解度，从而致使无机盐在岩心中或者油藏中形成沉淀，由于其良好的选择性，可以提高后继的二氧化碳驱的体积波及效率。一般采用的无机盐是 NaCl，这是因为此类盐在酒精与盐水的混合液中溶解度很小，而且对于地层环境没有污染。由于其黏度很小，所以不可能发生黏性指进，具有很好地选择性。实验结果表明，盐沉淀能够很好地封堵高渗层位，通过高低渗平行管实验可知，注入 6.4~8.8PV 的乙醇可以提高采收率 16%~24%。

显然，要充分利用二氧化碳驱作用，最大限度地提高原油采收率，关键在于注入二氧化碳气体的同时，如何抑制气体在非均质油藏及裂缝中的突进及窜流。这就要求对二氧化碳气体在非均质油藏及裂缝性油藏中的突进及窜流规律及影响因素进行全面分析及探索，从而找出影响气体突进及窜流的主控因素，并调整这些参数，削弱气体突进及窜流作用对二氧化碳驱油效果的不利影响，提高原油采收率。

第四节　窜流模拟方法

目前，国内外研究驱替流体窜流的方法主要有两种：一种为物理模拟，另一种为计算机数值模拟。物理模拟主要是应用 Hele-Shaw Cell 装置观测指进现象。计算机数值模拟一是应用有限扩散凝聚模型，通过调整参数，形成不同的指进图形，并计算其分形维数；二是格子波尔兹曼方法。

一、物理模拟

指进物理模拟研究最早可以追溯到 1898 年 Hele-Shaw 所进行的平行板间黏性流动模拟。1958 年，Saffman P G 和 TaylorG I 首次将 Hele-Shaw 实验模型用于多孔介质中水驱油的黏性指进模拟。Hele-Shaw 实验模型的主体部分是两块间距极小的平行透明玻璃板，所以有时也称之为平板玻璃模型，两板间的狭缝就是流体驱替的场所。根据透明玻璃板的形状及放置位置，Hele-Shaw 模型可以分为水平径向 Hele-Shaw 元胞和垂直 Hele-Shaw 槽。在此基础上，为了解决不同的实际问题，该模型被适当地改进，制作成玻璃微珠模型和填砂模型。

1. 改变板间充填物材质得到新的模型

由这种方法得到的模型中，比较有代表性的是夹珠模型（又称玻璃微珠模型）和砂粒充填模型（又称填砂模型）。研究者们在两平行板间充填微小的玻璃珠，以模拟岩石孔隙结构对地层流体指进过程的影响，但是，这些等径球的平面堆积易形成有规则的晶态结构，具有空间长程周期性，而多孔介质中的孔隙分布是没有空间周期性的无规分形结构。因此，玻璃微珠模型不能完全反映多孔介质的特征。另一种模型是采用砂粒充填两平行板间的间隙，形成与实际岩石更为相似的结构。

2. 改变板的材质和形态得到新的模型

主要有改变平行板面的粗糙程度和采用不同材质平行板两种做法。Chen 等提出的刻蚀玻璃模型属于前者，基本做法是将玻璃平板内侧进行非均匀刻蚀，形成长短不同、深浅不一的沟槽，以反映裂缝表面的粗糙度或者孔隙空间的非均质性。也有一些研究人员通过改变平行板的材质而得到不同的模型：Davies 等就采用透明树脂板进行了大尺度的酸液指进模拟；朱双玉等采用小尺寸的真实砂岩岩心进行了黏性指进实验；李小刚等采用"大理石板+钢化玻璃"形成模拟裂缝，模拟了前置液酸压缝内化学反应和重力影响下的酸液指进现象。

但是物理模型中存在一些不可忽略的问题：①关注材质与结构的相似而忽略了几何、动力相似等关键问题。大多数 Hele-Shaw 模型各方向的几何尺寸都没有实现等比例缩放，而是几何相似模型，此类模型与原型的动力相似性很难得到保证。②模拟中还未同时实现温度、压力、流量等重要参数的相似，物理模型中的流动与油藏条件下实际的流动现象有所差异。③物理模拟过程的自动控制、图像自动采集、分析还有待提高，如何在非透明 Hele-Shaw 模型中实现指进图像的精确采集，是物理模拟技术发展必须解决的问题。④所进行的指进 Hele-Shaw 模拟绝大多数是二维的，而实际上存在很多三维的指进现象，较少空间维数可能引起模拟结果的不可靠。

二、计算机数值模拟

数学模拟可以追溯到1959年Chuoke等关于非混相驱替过程的研究，以及稍后的Peaceman和Rachford为计算矩形区域混相驱非稳定性所建立的有限差分算法。随着计算技术的发展，数学模拟主要围绕扩散、黏度比、密度与黏度分布、重力和非牛顿流变性等因素对驱替过程非稳定性的影响进行研究。根据建模理论基础和求解方法的不同，指进数学模拟可分为：基于连续介质理论的模拟和基于元胞自动机的模拟。

1. 基于连续介质理论的模拟

基于连续介质理论的模拟，其模型一般包括了实际问题的简化、描述现象的微分方程（大多是偏微分方程）以及定解条件。模型求解方法有：有限元方法、边界元方法、有限差分方法和有限体积方法等。Stevenson等采用二维网格模拟方法，探索了地层非均质性和黏度比对二维两相孔隙流体混相流动特征的影响，发现黏度比的变化将导致指进流动与非指进流动形态交替出现；Sheorey等针对高温有压水流驱替地层稠油所产生的指进现象，建立了表征流体压力、毛管力效应、热传递的数学模型和二维全隐式数值模型，采用域分离技术对模型进行求解，得到了驱替过程的压力场和温度场。

2. 基于元胞自动机的模拟

元胞自动机（Cellular Automata，简称"CA"）是指在空间和时间都离散，物理参量只取有限数值集的物理系统的理想化模型。目前，在指进研究中已经采用的扩散限制凝聚（Diffusion Limited Aggrega-tion，简称"DLA"）模型、格子气自动机（Lattice Gas Au-tomata，简称"LGA"）模型就属于元胞自动机的范畴。

DLA模型由Witten和Sander在研究烟尘扩散时提出，已经成功模拟了流体指进、晶体生长、植物根系生长等诸多带有随机因素的非线性生长现象。LGA模型的基本思想是：将流体的流动空间划分为离散的网格（正方形网格、三角形网格等），并将流体视为由大量仅有质量而没有体积的微小粒子组成，给出离散的流体粒子之间相互作用及迁移的规则，所有粒子根据规则同步地随着离散的整时间步在网格节点上相互碰撞，沿网格线在节点之间运动。LGA模型是规则简单、内涵非常丰富的计算模型，但它也存在粒子平衡分布为Fermi-Dirac分布，而导致非伽利略不变性，统计噪声比较大等缺陷。为此，McNamara等对LGA模型进行了改进，提出了格子波尔兹曼方法（Lattice Boltzmann Method，简称"LBM"），LBM方法计算简单，容易实现并行计算，可以处理复杂的物理现象和边界条件。Grosfilsa等运用LBM对Hele-Shaw流动进行模拟，发现非平衡系统的速度场存在幂律分布特征，并认为这样的速度场分布特征是长程相关或者长时相关非平衡系统的标志；Kang等采用LBM对黏度不同的两种流体在非混相驱替中的指进行为进行了模拟，模拟时考虑了黏度比、毛管数和润湿性的影响，发现当驱替相为流道壁面非润湿流体时，指进生长的趋势增强。

低渗透油藏的主要特点是渗透率低、非均质性严重。在开发过程中，必然存在驱替流体的窜流,而窜流会导致波及效率降低、开发效果变差。窜流的诱因有很多,例如:黏度、毛管力、密度、重力、扩散、非牛顿流变性、非均质性、裂缝和润湿性等因素,不同的影响因素对窜流的影响程度不同,为了更好地表征不同因素对窜流的影响程度,需定量表征窜流程度,目前提出的窜流程度定量表征指标有以下三个。

(1) 排出率。排出率定义为指进图案面积与以最长指进为半径圆的面积之比,何红海等采用因次分析方法研究不同因素对排出率的影响,得出对排出率影响最大的是两种流体的表面张力之比,其次才是黏度比的影响。

(2) 指进距离。苏玉亮等在研究二氧化碳非混相驱油时提出指进距离表征指进特征,研究了不同注采压差、温度、驱替速度、黏度比、渗透率等对指进程度的影响。

(3) 分形维数。分形生长的扩散限制凝聚 DLA 模型可以定量化研究指进形貌的几何特征和演化动力学问题,通过 DLA 模型求得的分形维数在一定程度上反映了指进现象的复杂性。张建华等研究了分形维数、黏度比和驱油效率的关系,认为黏性指进现象的分维值反映了驱替前缘所扫过的面积对空间的填充情况和指进的内禀有序性。

第五节 二氧化碳驱油藏封窜剂

低渗透油藏注气压力较高,注二氧化碳开发过程中容易产生二氧化碳气体窜流问题,气窜后治理难度大,对于封窜剂的性能要求高,常规的调剖堵水剂由于注入性、封堵强度以及与注入气适应性等问题很难应用于低渗透气驱油藏。针对低渗透二氧化碳气驱油藏封窜条件苛刻,研究高温高压下封窜效果好、受温度压力影响小、注入性好的凝胶型封窜剂势在必行。对于二氧化碳气体封窜剂的研究主要考虑的因素为封窜剂的注入特性、封堵强度,封窜剂和二氧化碳气体之间的物理化学反应等等。

一、超临界二氧化碳的性质和特征

超临界二氧化碳之所以得到广泛的研究和应用,得益于其独特的性质。二氧化碳的临界温度(T_c)接近室温,为 31.1℃,临界压力(P_c)为 7.38MPa,比较适中。此外,二氧化碳的临界密度 ρ($0.448g/cm^3$)是常用超临界溶剂中密度最高的之一。因此,二氧化碳对许多化合物有较强的溶解能力。超临界二氧化碳独特的物理、化学性质决定了其在化学领域中的重要地位,其特性和优势主要体现在以下几个方面:①对非极性物质溶解能力强,选择性好。溶解能力是衡量溶剂性能的一个重要因素。超临界二氧化碳是非极性溶剂,介电常数于 1.2~1.5,因此超临界二氧化碳可溶解大量的非极性物质,并和一些小分子气体完全互溶。②二氧化碳临界压力适中,临界温度接近于室温,操作条件温和,容易应用于工业化过程,并且特别适用于设计热敏性和化学稳定性差的物质的化学过程。③超临界二氧化碳具有廉价易得、化学惰性及环境友好等特性。二氧化碳的萃取、分离及其反应过程具有产物质量高，安全性好，并且后处理简单等优点。

二、二氧化碳与聚合物相互作用

聚合物的相对分子质量不仅较高，而且有一定的分布，因此在一定意义上聚合物是一些结构、性质相似的物质的混合物，因而超临界二氧化碳与聚合物的相互作用比较复杂。其溶解性能、黏度、扩散行为等对应用都很重要。

1. 溶解度

在适合的温度和压力下，许多含氟和含硅聚合物在二氧化碳中有较大的溶解度。然而，二氧化碳是大多数聚合物的不良溶剂。对于碳氢氧聚合物，超临界二氧化碳仅能溶解低相对分子质量、弱极性的聚合物和共聚物，不能溶解聚烯烃等非极性聚合物，也不能溶解强极性和水溶性聚合物（如聚丙烯酸）。虽然二氧化碳溶解聚合物的能力一般较差，但是它却能溶解在许多聚合物中，使聚合物发生溶胀，对聚合物有很强的增塑作用，使聚合物的玻璃化温度T_g和熔点T_m降低。例如，浓度为8%~10%（质量分数）的二氧化碳可将普通聚合物的玻璃化温度降低几十度。关于近临界二氧化碳和超临界二氧化碳在聚合物中溶解度的研究已经有不少报道。二氧化碳在聚合物中的溶解度取决于聚合物官能团的性质等，溶解度的大小与二氧化碳和聚合物分子间相互作用强弱有关。常用的测定二氧化碳在聚合物中的溶解度的方法主要有相分离法、减压法、重量法和色谱法等。

2. 黏度

这里主要是指二氧化碳对聚合物黏度的影响。由于超临界二氧化碳的密度低且其压缩性比熔融聚合物的大，超临界流体在熔融聚合物中溶解使聚合物发生溶胀，即使其自由体积增加，从而使聚合物的迁移性质（黏度和扩散性）得到明显的改善。聚合物共混物的黏度比是指分散相黏度与连续相黏度的比值，是影响共混物形态的关键因素之一。黏度比高时不利于得到尺寸小的分散相，当黏度比趋于1时，分散相尺寸一般较小。二氧化碳的加入之所以可以降低聚合物的黏度主要是因为吸附于聚合物链段之间的二氧化碳增加了聚合物的自由体积；另外，小分子的二氧化碳起到了分子润滑剂的作用。在这两种因素的共同作用下，聚合物的黏度明显降低。研究结果表明，各种熔融聚合物的黏度随所溶解二氧化碳浓度的增加而减小，并且发现二氧化碳浓度-聚合物的黏度曲线常常与纯聚合物的黏度曲线形状相似，即类似于增加温度或较小压力的效果。这些相似性表明，二氧化碳对熔融聚合物黏度产生影响的原因与温度、压力对黏度影响的原因相似，主要是由自由体积的变化而引起的。二氧化碳的溶解使聚合物熔体的黏度明显降低，因此用二氧化碳降低熔融聚合物的黏度对于处理高黏度和热敏性聚合物是非常有利的。由于二氧化碳的增速作用，聚合物链运动增加，聚合物链段扩张以及聚合物链缠结的减少都会使聚合物的黏度减小。有一些经验模型可以预测二氧化碳/聚合物体系黏度,它们大多建立在自由体积的基础上,如 Doolittle 的自由体积论。利用 Sanchez-Lacombe 状态方程可计算出纯熔融聚合物和聚合物/气体混合物的特定体积,这种预测和实验数据吻合得较好。

3. 扩散行为

超临界的黏度接近于气体,扩散系数比液体大近 100 倍,因而具有良好的传质能力。在临界点附近,随着压力增加,二氧化碳的黏度显著增大,但当压力高达 $30\sim40MPa$ 时,其黏度仍然低于 $0.1mPa·s$,比一般液体有机溶剂的黏度低约一个数量级。因此,其自身在聚合物中有很强的扩散能力,同时也可以携带小分子甚至大分子进入聚合物内部,从而提高其他分子的在聚合物中扩散系数,同时也促进了聚合物复合材料制备技术的发展。

Sato 等测定了二氧化碳在一些聚合物熔体中的扩散行为,他们不仅提供了基础的扩散数据,而且将二氧化碳/聚合物溶液的自由体积分数与测定的二氧化碳扩散系数进行关联,预测结果与实验值吻合较好,相对误差在 10% 左右,并且用自由体积理论解释了一些体系中二氧化碳的扩散速度随压力的升高而降低的现象。对于聚合物/二氧化碳/添加剂三元体系,测定添加剂在体系中的扩散系数主要采用薄膜缠绕法、瑞利散射法等。已有实验证明,超临界流体可促进添加剂在聚合物中的扩散。例如,超临界二氧化碳使二甲基邻苯二甲酸酯在聚氯乙烯(PVC)中的扩散系数增大了 6 个数量级,使偶氮苯在玻璃态的 PS,十环烯、芘和 9,10-双苯乙炔基蒽在 PS 中的扩散系数也都有极大的提高。超临界二氧化碳的这一特性已经在聚合物合成、聚合物接枝及其复合材料制备等方面得到了广泛的研究,也得到了一定的应用,如聚合物的染色、生物制剂的引入和聚合物改性等。

三、二氧化碳气驱封窜剂性能

在低渗透油藏进行二氧化碳气驱时,一般的油藏温度和压力均超过了二氧化碳的临界温度和临界压力,因此,进入油藏深部的二氧化碳实际上是处在超临界二氧化碳状态下。而凝胶调剖封窜剂正是利用了聚合反应的基本原理,使单体在储层中发生共聚反应生成强度很大的凝胶,因此,二氧化碳气驱凝胶调剖剂的性能受超临界二氧化碳影响较大,必须在超临界二氧化碳条件下制备凝胶,研究凝胶的微观结构,确定超临界二氧化碳对凝胶性能的影响规律。而硅酸钠溶液可以和二氧化碳反应生成无机凝胶,在此基础上,向凝胶配方中添加硅酸钠溶液,在超临界二氧化碳条件下制备无机-有机复合凝胶调剖封窜体系,复合凝胶封窜体系能够充分利用超临界二氧化碳反应环境,硅酸钠与二氧化碳生成的无机颗粒能够增强复合凝胶强度,有利于调整凝胶配方。通过性能评价和凝胶微观结构实验优化复合凝胶封窜剂的配方,评价封窜效果和提高油气采收率的能力,将复合凝胶应用于油田生产现场,为低渗透油藏提高采收率提供一项可靠技术。

第二章 深部调剖剂性能评价方法

低渗透油藏基质渗透率低，流体渗流速度慢，是导致调剖封窜剂注入难度大的主要原因，这就要求调剖封窜剂在注入地层之前具有较低的表观黏度。同时，由于低渗透油藏一般埋藏较深，且储层温度较高，这就要求调剖封窜剂具有较强的温度适应能力。

低渗透油藏裂缝和基质压差大，启动基质剩余油需要较高的压差，这就要求调剖剂封窜剂在窜流通道中具有较强的封堵能力。

调剖封窜剂容易对低渗透基质层带造成污染，低渗透储层污染之后，调剖封窜剂的注入难度将进一步加大，这就要求调剖封窜剂具有较强的封堵选择性。

综上所述，应用于低渗透油藏的调剖封窜剂应遵循"注得进、堵得住、堵得准、用得起"的十二字原则。

不同类型的调剖封窜剂评价方法差异很大，特别是凝胶类调剖封窜剂性能评价难度更大，常规方法存在着测试步骤繁琐、测试结果失真以及不能准确模拟凝胶在储层多孔介质中的封堵特性等问题。针对凝胶类调剖封窜剂强度测试结果误差大的问题，在对比了不同类型调剖封窜剂评价方法的基础上，设计了凝胶型调剖封窜剂强度评价装置，确定了新的凝胶强度评价方法。

第一节 常规深部封窜剂评价方法分析

一、四类调剖体系评价方法分析

表2-1对比了四种类型的调剖封窜体系性能评价方法。从表中可以看出，这四类调剖封窜体系的性能评价方法共同点较多，相同的评价指标主要有表观黏度的测定，注入性分析，封堵能力和提高采收率能力。这四个测试指标中只有表观黏度是通过黏度计进行测试，其他三个指标均需要采用岩心实验或者物理模拟实验进行测定。需要特别指出的是，强凝胶体系在成胶之前表观黏度很低，一般情况下略大于水的表观黏度，而成胶之后变成黏弹性很强的胶状物质，使用黏度计无法对其进行评价。而采用流变仪测试凝胶的储能模量和耗能模量时，定量取样难度大，结果不能表征凝胶在孔隙中的受力特性，测试数据容

易失真，测试时间长且操作繁琐。因此，需要对凝胶强度的评价方法进行进一步的分析和改进。

表2-1 四类调剖体系评价方法对比

序号	调剖剂类别	调剖体系	评价方法及主要评价指标
1	分散体系	乳状液	乳状液组分分析及制备，乳化程度，乳液稳定性，乳液粒径，注入性，封堵强度
		固液分散体系	分散程度，颗粒与孔喉匹配性，阻力效应，注入特性，封堵能力，提高采收率能力
		聚合物微球	微球粒径，表观黏度，注入特性，提高采收率效果
2	弱凝胶		成胶时间，弱凝胶强度，与储层流体配伍性，流变性，注入性，封堵能力，阻力系数，残余阻力系数
3	强凝胶		表观黏度，成胶时间，凝胶强度，注入性，封堵强度，微观成胶机理
4	含油污泥体系		污泥颗粒沉降时间，分散悬浮性，表观黏度，注入性，封堵能力，提高采收率能力

二、常用凝胶强度测试方法

进行凝胶调剖剂性能评价时必须满足以下4个要求：
（1）能够模拟实际油藏条件，主要是测试过程中能够模拟油藏中的温度和孔喉特征。
（2）测试流程操作简单，测试过程方便快捷。
（3）测试过程的可重复性比较强，同一种样品的测试结果误差小。
（4）强度测试结果能够定量表征凝胶强度。

学者们针对凝胶调剖剂强度测试方法开展了大量研究工作，形成了多重测试凝胶强度的方法。目前，常用凝胶强度评价方法有以下几种：

1. 目测代码法

1987年，美国学者Sydansk申请了聚合物凝胶在油气储层中的适应性评价专利（US 4683949），将凝胶强度分为十个等级，分级依据是通过目测确定，这种确定方法误差很大，人为因素众多，结果只能在一定程度上定性判断不同凝胶的强度差别，不能够定量地评价凝胶的强度。

2. 定性描述法

张明霞等通过凝胶的详细描述对凝胶强度进行了分级，如表2-2所示，但是这种描述方法只是定性分析，并不能够准确区分不同配方的凝胶强度，难以实现定量对比。

表 2-2 胶体状态描述

代号	凝 胶 描 述
—*	没有凝胶形成，胶体黏度降低或黏度不变，仍是原聚合物溶液
B	几乎不流动凝胶，倒置时只有一小部分（5%~15%）胶体在瓶口不断伸缩，大多数胶体显脆性，易拉断
C	不流动凝胶，倒置时凝胶表面轻微变形，能振动

注：*表明实验由于组分不当或胶体降解或者实验瓶破裂损失，导致实验失败。

3. 穿透法

采用穿透计来测定凝胶的相对强度，使用的是200g重的尖形岩心，用穿透阻力来定量描述凝胶相对强度。此方法虽然简单，但是这与凝胶在实际油藏多孔介质中的成胶强度相差较大，而且尖形岩心使用多大的力穿透凝胶，这很难控制，人为因素众多，实验结果的可重复性较差。

4. 真空管测试法

美国人L. E. Summers设计出的简易装置，将未成胶的凝胶溶液置于玻璃器中，并储存至成胶，通过与真空装置连接，通过针型阀来控制真空度，从而计算出在该真空度条件下的单位毛管体积凝胶的流动时间，通过将不同真空度条件下测的时间转换成同一真空度下的值，来评价凝胶强度。转换公式如下：

$$F_{r2} = F_{r1}(V_1/V_2)^{1/n} \qquad (2-1)$$

式中　F_{r1}——V_1下测定的流动时间；

　　　F_{r2}——V_2下测定的流动时间；

V_1、V_2——不同条件下的真空度；

　　　n——幂定律因子。

该方法操作简单，能模拟孔隙条件下，但是只能间接测量凝胶的强度，同时无法模拟油藏温度，而且该转换公式是基于凝胶黏度表现为幂律特性的，但是孔隙中的凝胶除了表现出黏性流体的幂律特性外，还表现出良好的弹性，即具有很大的弹性黏度，因此测试结果不能准确评价凝胶的黏弹性能及强度。

5. 玻璃棒深入法

将成胶的凝胶置于测量装置中，将上端带有托盘的玻璃棒的下端（直径为5.3cm，截面积0.22cm²）接触凝胶，不断往上端托盘中加入砝码，直到玻璃棒深入到凝胶内1.0cm，记录此时托盘中加入的砝码数，计算质量，从而求出单位面积承载的力，即采用计算压强的方法换算成抗压强度值。

该方法操作简单，但是并不能真实反映凝胶在孔隙中成胶之后的受力情况，同时使用的玻璃棒的直径不同结果明显不同，进入深度参数依据并不科学，同时不能模拟油藏温度，人为误差大，可重复性不强。

6. 落球法

将钢球放在装有凝胶的试管内，观察沉没深度，定性分析凝胶的强度大小。该方法操作简单,但是无法模拟凝胶在孔隙中成胶之后的受力状态,以及受到钢球质量的限制,不同的钢球质量其测量的结果相差较大。凝胶在实际油藏的多孔介质中成胶之后,现场评价凝胶是否强度可靠,都是通过后续驱油剂驱替,是否突破凝胶体来判断的,所以沉没深度来判断凝胶强度和现场评价标准迥异,可靠性差,同时该方法的成胶时间长会造成操作性差别。

7. 黏度计测试法

在黏度计筒中放置未成胶的凝胶溶液,隔一段时间测一次凝胶黏度,直到黏度突然升高至不发生变化为止,该黏度即为凝胶强度。该方法并未考虑到凝胶成胶时间较长,一般为数小时甚至几十个小时,操作起来比较复杂。凝胶是具有良好弹性的块状胶体,仅仅在剪切力作用下的黏度测试并不包括弹性,而此时弹性在视黏度中占据重要位置,因此黏度计测试方法在实际操作过程中存在很大的测试时间限制和测试结果误差。

8. 突破压力梯度法

戴彩丽等采用突破压力梯度测定方法,用突破压力梯度来表征堵剂的封堵强度。将未成胶的凝胶溶液注入到饱和水的填砂管中,注入体积1PV,待其成胶之后,继续水驱,记录产出第一滴流出液时的压力。将该压力换算成1m长的岩心压力,即突破压力梯度。该方法虽然能有效模拟凝胶在油藏孔隙中的情况,达到定量对比分析,但是需要在良好的室内条件进行,操作过程复杂,测试过程耗时长,很难在现场应用推广。

综上所述,目前的凝胶强度测试方法不尽完美,大部分测试方法是对比性的定性分析,无法准确地定量表征凝胶强度,测试过程很难准确模拟凝胶在储层中的受力过程,测试结果的可重复性较差,在其他学者研究的基础上,深入分析凝胶强度测试方法存在的主要问题,设计一种新的测试装置,能够准确模拟凝胶在储层孔喉中的受力状况,定量表征凝胶强度,形成新的凝胶强度评价方法势在必行。

三、凝胶强度测试方法存在问题

采用最新的 MCR 智能型流变仪和 Brookfiled 黏度计测试凝胶强度,同样存在诸多问题,测试过程如图 2-1~图 2-3 所示。

图 2-1 凝胶封窜体系在 MCR 智能型流变仪中的测试状态

凝胶具有较强的黏弹性，因此定量或者定体积取样的难度很大，每次测量时在测量筒中的凝胶量存在较大误差。从图2-1可以看出，凝胶在MCR智能型流变仪中，会紧密黏接在仪器的测试转子上，开启仪器进行测试时，转子在胶体中转动时，胶体黏着在转子上，转子带动胶体转动，二者之间并不产生真实准确的相对滑动，导致测试数据失真，无法准确测试。

而采用Brookfiled黏度计测试凝胶强度时，从图2-2可以看出，由于凝胶具有较强的黏弹性，黏度计的转子在落入凝胶样品时，受到凝胶黏弹性的阻力，转子始终无法垂直悬垂于测量筒中央，导致测试初始无法调零。

从图2-3可以看出，测试界面上扭矩值无法调零，具体原因如图2-2所示。即便是手动调零之后，凝胶的黏弹性也会使转子发生偏移反弹到无法调零的状态。

图2-2 凝胶封窜剂在Brookfiled黏度计中的测试状态

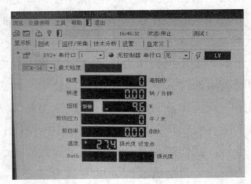

图2-3 测试前调零界面

采用MCR智能型流变仪测试凝胶的储能模量和耗能模量是评价凝胶性能的一种手段，MCR智能型流变仪的平板测试原理是测试凝胶弹性性能和黏性性能的变化关系。如图2-4～图2-7所示，这种测试结果反映了凝胶的材料力学性能。但是测试过程中发现，这种结果并不能正确反映出凝胶体在多孔介质中通过细小孔喉时受到驱替动力和孔喉阻力作用的状态，同时测试时间长，数据结果重复性不好。

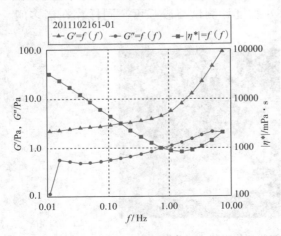

图2-4 一号样品储能模量和耗能模量

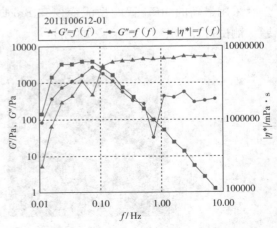

图2-5 二号样品储能模量和耗能模量

在图2-4～图2-7中，G'是储能模量，和材料的弹性有关；G''是耗能模量，和材料的黏性有关。反映出这四种凝胶体系弹性力强于黏性力，这种结果并不能明确表征凝胶在多孔介质孔喉中受力状况。在多孔介质中，凝胶形成后封堵于孔喉中，受到后续驱替流体的驱动力，通过孔喉时是弹性能量起主导作用还是黏性能力起主导作用，流变仪的测试结果并不能准确区分这两者的作用大小和关系。

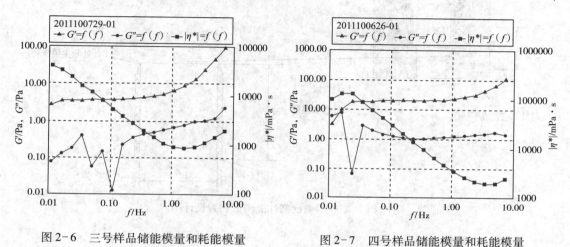

图2-6　三号样品储能模量和耗能模量　　图2-7　四号样品储能模量和耗能模量

第二节　设计制作凝胶强度测试装置

一、凝胶强度评价装置设计

设计原则：
(1) 能够充分模拟调剖封窜剂在多孔介质孔喉中的受力状况。
(2) 每次测试取样量较少。
(3) 取样时解决凝胶黏弹性对取样多少影响较大的问题。
(4) 不同配方的凝胶在同一标准下对比，测试结果类比性强。
(5) 测试成本低廉。
(6) 测试时间短，操作简便。

如图2-8所示，基于模拟孔喉的原理，设计了凝胶类调剖剂性能测试装置。测试前利用取样器将具有黏弹性的凝胶定量取样，置于模拟孔隙中，采用水力加压，驱替样品通过模拟喉道，测试驱替过程中压力变化状况。

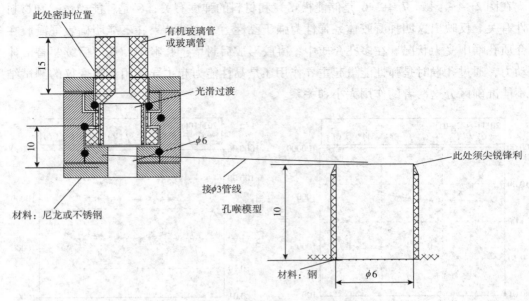

图 2-8 凝胶类调剖剂性能测试装置设计图

二、凝胶强度评价装置

图 2-9 展示了凝胶强度测试装置的实物图，图 2-9（c）取样器可定量取样，测试时按照图 2-9（f）组装仪器，连接压力传感器，设定驱动流量，测试凝胶突破细小喉道时压力变化规律。

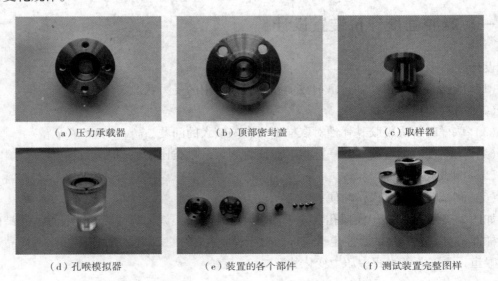

图 2-9 调剖剂强度测试评价装置

第三节 建立凝胶强度评价方法

一、强度测试参数确定

采用自行研发的凝胶强度快速测试仪测试凝胶强度时,首先确定测试参数,即合适的驱替流量,目的是凝胶强度的准确测量和实验数据的可比性。测试过程中筛选的流量从 0.01~2.5mL/min 共 14 个测试值。其中,驱替流量大于等于 1.0 mL/min 的测试点 4 个,结果如图 2-10 所示。驱替流量为 0.1~0.8mL/min 的点 4 个,测试结果如图 2-11 所示。驱替流量小于 0.1 mL/min 的测试点 6 个,测试结果如图 2-12 所示。

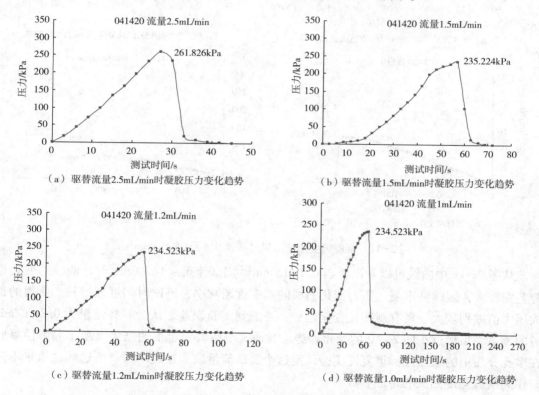

图 2-10 凝胶强度测试结果(流量 1.0~2.5mL/min)

从图 2-10 中曲线可以看出,当驱替流量在 1.0~2.5mL/min 时,曲线的变化趋势基本一致,驱替流量越大,测试时间越短。测试结果中流量为 1.0mL/min、1.2mL/min 和 1.5mL/min 时压力最大值近似相等,驱替压力最大值出现的时间几乎相等,只有流量为 2.5mL/min 时压力最大值略大于前三个流量时压力最大值。表明在驱替流量大于等于 1.0mL/min 时,驱动凝胶通过测试孔喉所得到的最大压力值没有明显波动,已经趋于稳定。以测试时间为依据确定合理的测试流量，从图 2-10 中曲线可以看出，当驱动流量为 1.0 mL/min 时，测试时间为 240s，这个测试时间既保证了测试时间较短又兼顾了压力数据处理的合理性，确定出在 1.0~2.5mL/min 流量范围内合理的测试流量为 1.0mL/min。将驱替流量为 1.0 mL/min 时测得的最大压力值定义为"凝胶强度值"，即凝胶在快速测试仪中的突破压力，实际上标明的是凝胶在孔喉中的封堵强度。

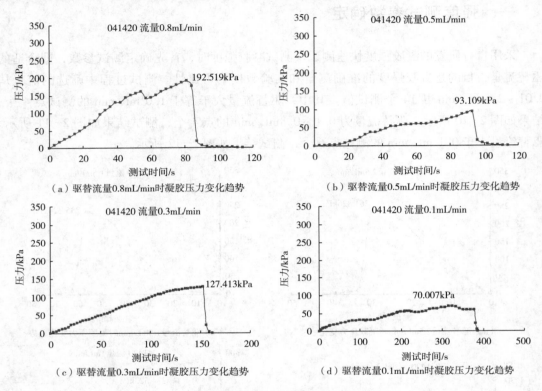

图 2-11　凝胶强度测试结果（流量 0.1~0.8mL/min）

从图 2-11 中曲线可以看出，当 0.1mL/min≤测试流量<1mL/min 时，曲线的变化趋势差别较大，规律性不强。压力变化曲线的斜率逐渐减小，测试时间逐渐增长。所得的最大压力值差别较大，没有规律性变化趋势，考虑到实验误差，认为驱替流量为 0.8mL/min 时的测试结果接近于图 2-10 的变化趋势。其他三个驱替流量下的结果反映了黏弹性凝胶在多孔介质中的胀流性。重复性实验认定这个测试流量段为过渡阶段，所选测试流量不适合作为凝胶强度测试的特征参数。

从图 2-12 中曲线可以看出，当驱替流量小于 0.1mL/min 时，曲线的变化趋势更加平缓，测试时间明显延长，这主要是因为测试流量非常小，当凝胶在低速范围内通过孔喉模型时，所受力以剪切力为主，在孔喉处不会出现大的流速和拉伸速率，这时，凝胶在剪切力场作用下顺驱替方向伸展定向，流动阻抗随驱替速度增加而下降，流变性呈拟塑性。当驱替流量增加到一定程度后，继续增加驱替流量，孔喉处的流速和拉伸速率都显著增加，这时凝胶的弹性显示出剪切增稠。在这个驱替流量范围内，所得的测试值几乎相等，从

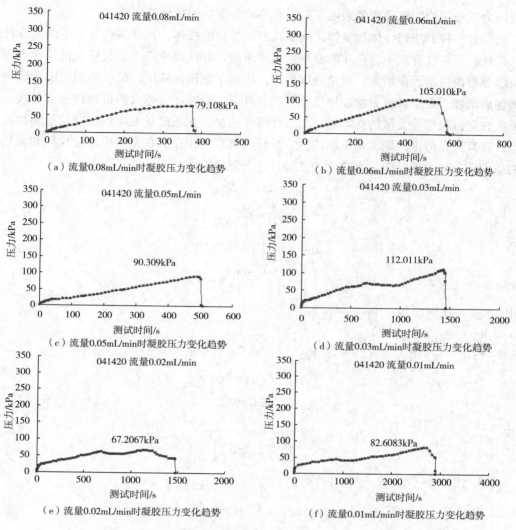

图 2-12　凝胶强度测试结果（流量 0.01~0.08mL/min）

图 2-12 中曲线可以看出，当驱动流量为 0.05mL/min 时，测试时间为 500s，这个测试时间既保证了测试时间较短又保证了数据处理的合理性，兼顾凝胶强度准确测试的条件，可以确定在低流量范围内特征测试流量为 0.05mL/min。

图 2-13 展示了 14 种驱替压力下凝胶突破压力的变化规律，通过凝胶突破压力的拟合曲线可以看出，驱替流量低于 1.0mL/min 时，凝胶突破压力呈增加趋势，当驱替流量超过 1.0mL/min 时，凝胶

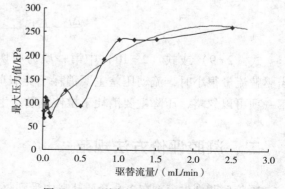

图 2-13　不同流量下凝胶的突破压力

突破压力趋于定值。这种现象表明了凝胶在多孔介质中的特殊流变性。

凝胶是一种介于塑性体和流体之间的具有黏弹性的胶体，其在多孔介质中的流变特性比较特殊。在多孔介质中，存在收缩-扩大的流道，存在拉伸应力，凝胶反抗拉伸表现为阻抗随驱替流量增大而增大，封堵强度增加，出现了胀流性特征。凝胶的阻抗随着驱替流量增加而增加，在驱替流量增加幅度相同的条件下，凝胶强度越大阻抗增加速度越快，说明凝胶在通过收缩-发散的孔喉时，胀流性特征明显。在低流量范围内，凝胶呈塑性流变特性，在高流量范围内则表现出胀流性。分析其机理为，在多孔介质中存在拉伸和剪切流动的条件下，外力消耗于克服这两种流动产生的阻力，即：

$$\Delta p = \Delta p_{切} + \Delta p_{拉} \tag{2-2}$$

$$\Delta p_{切} = \frac{\varphi L v}{k}\eta \tag{2-3}$$

$$\Delta p_{拉} = C[T_{(11)} - T_{(22)}] \tag{2-4}$$

又

$$\left[\frac{T_{(11)} - T_{(22)}}{T_{(12)}}\right]\frac{1}{2\dot{\gamma}} = \theta \tag{2-5}$$

式中　C——比例常数；

　　　θ——松弛时间。

将 $T_{(12)} = \eta \dot{\gamma}$ 代入式（2-5），得：

$$T_{(11)} - T_{(22)} = 2\eta\theta\dot{\gamma}^2 \tag{2-6}$$

故

$$\Delta p = 2C\eta\theta\dot{\gamma}^2 \tag{2-7}$$

根据

$$\dot{\gamma} = \frac{v}{\left[\frac{1}{2}(k/\varphi)\right]^{1/2}} \tag{2-8}$$

将式（2-8）代入式（2-7），得：

$$\Delta p_{拉} = 4C\eta\theta\frac{v^2}{k/\varphi}$$

于是

$$\Delta p = \frac{p}{k}Lv\eta + 4C\eta\theta\frac{v^2}{k/\varphi} \tag{2-9}$$

或

$$\frac{\Delta p}{v} = \frac{p}{k}L\eta + 4C\eta\theta\frac{v}{k/\varphi} \tag{2-10}$$

式（2-9）或式（2-10）中第一项为剪切压降或阻抗，第二项为拉伸压降或阻抗，当驱替流量很小时，流动压差主要消耗于克服剪切流动产生的阻抗。当驱替流量较大时，第一项可以忽略，压降主要消耗于拉伸流动产生的阻抗，它与流速的平方成正比。

二、凝胶评价方法规范

凝胶型调剖封窜剂在多孔介质孔喉中受到驱替流体的驱动力，向油藏深部运移，同时受到细小孔喉的阻力。突破压力是指凝胶体在一定的驱替速度下迅速突破模拟孔隙而没有发生破碎时的压力。通过实验确定了模拟低渗透油藏中凝胶发生突破并运移的特征测试流量为 1.0mL/min；而在特低渗透油藏中凝胶突破孔喉并运移的特征测试流量为 0.05mL/min。

在确定了凝胶强度测试的特征流量之后，依据凝胶强度测试全过程确定测试流程，如图 2-14 所示。测试流程由 7 个部件连接而成。

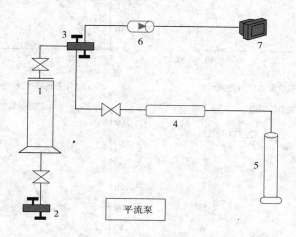

图 2-14 凝胶强度测试流程图
1—中间容器；2，3—三通阀；4—凝胶强度测试装置；
5—废弃液接收器；6—压力传感器；7—压力及时间记录仪

凝胶强度测试的具体步骤为：
（1）依据设计配方配制调剖封窜剂样品。
（2）在模拟储层温度和压力下反应成胶。
（3）利用凝胶强度测试装置中的取样器定量取样，打开测试装置，安装装有样品的取样器。
（4）组装仪器，按照图 2-14 的流程连接平流泵和数据记录系统，检查装置的密封性。
（5）设定特征流量，开泵进行测试，观测压力变化，待注入压力突降之后停泵，拆除装置并清洗，准备进行下一组测试。
（6）将数据采集系统获取的测试时间与压力数据导出，制作图件（图 2-15），确定该凝胶的强度。

为了对新的凝胶强度测试方法进行验证，选取最常用的一个凝胶配方，调整配方中主剂用量，按照测试方法的步骤配制调剖剂，成胶之后测试凝胶强度，测试结果如图 2-15 所示。

从图 2-15 可以看出，随着配方中主剂浓度的增加，凝胶强度逐渐增大，说明影响该配方凝胶强度的主要因素是主剂添加量，测试过程和结果很好地印证了新的凝胶强度测试方法的准确性与定量化表达，结果对凝胶配方的优化和选取具有重要的参考价值。

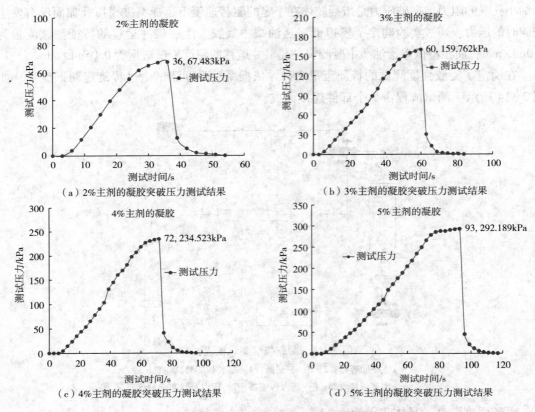

图 2-15 同一类型不同主剂浓度的凝胶强度测试结果

第三章 几类典型调剖剂在低渗透油藏中适应性评价

针对低渗透油藏窜流问题,从调剖封窜体系的理化性能、注入能力、封堵效果、调剖效果(提高采收率能力)等方面,分析了反相聚合微球乳液、含油污泥调剖剂和凝胶型调剖封窜剂在低渗透油藏中的适应性。

第一节 聚合物微球乳液深部调剖适应性评价

随着油田不断开发,储层非均质性进一步恶化,严重的层间非均质性导致驱替流体沿高渗透层带迅速突进,低渗透层原油采收率低甚至难以启动。另外,低渗透油藏渗透率低,孔喉细小,微裂缝发育。在进行调剖封窜施工时,封窜体系注入困难,泵压高,波及体积和驱油效率低。

通过反相乳液聚合法制备的聚合物微球乳液粒径细小均匀,是一类与油藏孔喉尺度特征相匹配的调驱剂。聚合物微球粒径受温度和溶液矿化度等因素影响较大,温度越高,微球膨胀越快;矿化度越高,微球膨胀越慢。聚合物微球在油藏高渗孔隙中运移、滞留、膨胀、封堵、弹性变形、再运移、再封堵,使后续注入液流转向,扩大调驱半径。同时,微球表面带有活性亲油基团,可吸附孔隙岩石壁面的残余油膜,提高微观驱油效率。通过显微镜和扫描电镜法可表征聚合物微球的尺寸特征和微观结构,从微观角度分析微球膨胀机理。为了延长微球水化膨胀时间,增加聚合物微球乳液稳定性和调驱适应性,评价其在低渗透油藏中深部调驱的适应性,调整油相、水相和乳化剂各组分配比,采用反相乳液聚合法制备了JYC–1聚合物微球乳液。通过膨胀性实验和物理模拟驱替实验,分析了JYC–1聚合物微球乳液调驱技术在非均质油藏中调剖封窜的能力,确定了聚合物微球体系提高原油采收率的适应性及技术界限。

一、JYC–1微球乳液适应性评价方法

1. 实验材料及仪器

AM、N,N亚甲基双丙烯酰胺、十六烷基三甲基溴化铵CTAB、山梨醇酐油酸酯

Span80、油酸、过硫酸铵,均为分析纯试剂;工业白油;JYC-1聚合物微球乳液(实验室自制,分为纳米级、微米级和毫米级)。实验原油(脱水处理含水率小于5.0%,60℃时黏度为27.69mPa·s,剪切速率$10s^{-1}$)。驱替用水为依据典型水质配制的模拟水,$NaHCO_3$型,Total Mineralization = 2286.5mg/L,Na-K = 666.8mg/L,Ca^{2+} = 9.7mg/L,Mg^{2+} = 13.2mg/L;石英砂(60~100目和160~200目两种)。

主要的实验仪器及产地见表3-1。

表3-1 主要实验仪器及产地

序号	主要仪器	产地/公司
1	Zetasizer Nano ZS 激光纳米粒径仪	英国马尔文公司(图3-1)
2	电子显微镜	德国蔡司(图3-2)
3	Quanta450FEG 场发射扫描电镜系统	美国FEI(图3-3)
4	DV-Ⅱ型旋转黏度计	美国Brookfield公司(图3-4)
5	DWY-1A型多功能原油脱水仪	江苏海安石油科研仪器公司
6	MCGS压力动态监测系统	北京昆仑通态软件公司
7	2PB00C平流泵	北京卫星厂
8	物理模型	江苏海安石油科研仪器公司

图3-1 Zetasizer Nano ZS 激光纳米粒径仪

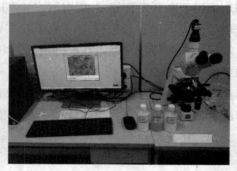

图3-2 电子显微镜

图3-3 Quanta450FEG 场发射扫描电镜系统

图3-4 DV-Ⅱ型旋转黏度计

2. 实验方法

（1）表观黏度测定。

利用模拟地层水配制 2000mg/L 的 JYC-1 聚合物微球乳液，采用 DV-Ⅱ型旋转黏度计测定不同温度下微球乳液的表观黏度，测定时设定剪切速率为 $7.34s^{-1}$。

（2）粒径测试。

利用模拟地层水配制浓度为 2000mg/L 的 JYC-1 微球乳液，采用 Zetasizer Nano ZS 激光纳米粒径仪进行测试，分别测定在 70℃下养护不同时间后微球乳液的粒径分布规律。

（3）显微特征分析。

在电子显微镜下观测不同水化时间后 JYC-1 聚合物微球乳液中微球的形貌变化特征。

（4）聚合物微球微观结构测定。

①称取一定量的 JYC-1 微球原液，用无水乙醇破乳、沉淀，减压抽滤，烘箱里 80℃下烘干 12h，得到聚合物微球的白色固体粉末，将粉末撒在模板的导电胶片上，用干净的玻璃片稍压实，在试样表面喷金处理，放入试样室中抽真空，设定参数进行 SEM 测定，得到初始粒径分布。

②用洁净滴管吸取不同水化时间的微球溶液 1~2 滴于洁净的盖玻片上，在超净工作平台上自然干燥得到水化后的微球干片，喷金处理后进行 SEM 测定，得到微球水化不同时间的微观特征。

（5）驱替实验。

①将 60~100 目和 160~200 目的石英砂按照设计比例进行混合。

②取两根长度 1m、内径 2.5cm 的填砂管，将混合石英砂充填进填砂管中。

③然后分别抽真空、饱和水，计算填砂模型的孔隙体积。

④采用 0.5mL/min 的流量进行水测渗透率，确保两根填砂管的渗透率级差大于 3，如果渗透率极差不符合设计要求，则冲洗填砂管，重新填砂并测定渗透率，确保渗透率极差符合设计要求。

⑤在渗透率级差大于 3 的并联非均质物理模型中，采用 0.5mL/min 的流量分别饱和实验用油，并计算含油饱和度。

⑥以 0.6mL/min 的驱替流量在如图 3-5 所示实验流程中采用合注分采的方法驱替，当总的动态含水率超过 95% 之后，开始注入 JYC-1 微球乳液。

⑦密封注入了 JYC-1 微球乳液模型的入口段和出口段，静置于烘箱中 48h，让填砂管中的微球在储层温度下膨胀。

⑧进行后续水驱，至动态含水率趋近于 100%。利用 MCGS 动态压力监测系统实时监测压力变化规律。实验温度控制为 60℃，实验流程如图 3-6 所示。

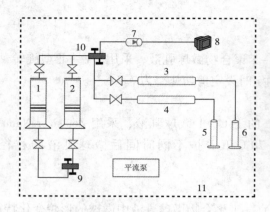

图3-5 实验流程示意图　　　　　　图3-6 驱替实验过程

1,2—中间容器；3,4—物理填砂模型；5,6—采收液计量器；
7—压力传感器；8—压力输出系统；9,10—三通阀；11—烘箱

二、JYC-1聚合物微球乳液制备

以工业白油为油相，油酸、Span80、CTAB复配体系为乳化剂，水相溶液中丙烯酰胺单体的质量分数为40%、交联剂N,N亚甲基双丙烯酰胺的质量分数为0.015%，油相、乳化剂、水相溶液的质量比为36.8∶13.2∶50.0。将油相、乳化剂和少量水相置于三口烧瓶中，于45℃下通氮除氧后加入定量过硫酸铵引发反应，然后恒速滴入剩余水相溶液，滴加结束后继续恒温反应4~5h，制得JYC-1聚合物微球乳液，筛分成毫米级、微米级和纳米级三种粒径级别。

三、JYC-1微球乳液理化特性

1. 聚合物微球乳液的表观黏度

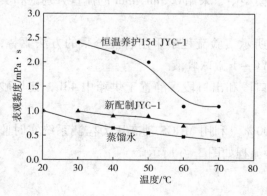

图3-7 2000mg/L的JYC-1聚合物
微球乳液黏温关系

浓度为2000 mg/L的JYC-1聚合物微球乳液在70℃恒温箱中养护不同时间后的黏温曲线如图3-7所示（剪切速率7.34 s^{-1}）。

从图3-7可以看出，在相同温度下，恒温养护15d后的JYC-1聚合物微球乳液的表观黏度比新配制微球乳液的表观黏度高，不过两者的表观黏度相比于水的表观黏度并不是很大；随着温度的升高，体系表观黏度呈下降趋势，恒温养护15d后的JYC-1聚合物乳液表观黏度降幅较大。这是由于养护一段时间后，微球吸水膨胀，粒径增大，微粒

间的范德华力和氢键作用增强,体系的表观黏度增大;随着温度升高,微粒的热运动变得剧烈,相互引力变小,体系的表观黏度明显减小。JYC-1聚合物微球乳液体系的最大表观黏度为2.4 mPa·s,同温度下略大于蒸馏水的表观黏度,说明聚合物微球乳液的流动能力和注入性与水的流动能力和注入性相同。JYC-1聚合物微球可以在油藏中缓慢运移至油藏深部,在油藏温度和压力条件下,发生膨胀,封堵大孔道,使后续注入水发生扰流,扩大调驱范围,提高后续水驱的波及范围。

2. 聚合物微球乳液粒径变化规律

在70℃下,养护不同时间后2000 mg/L的JYC-1聚合物微球乳液的粒径变化如图3-8所示。

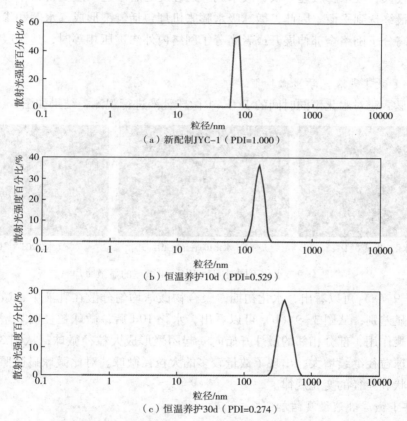

图3-8 恒温养护不同时间后JYC-1聚合物微球乳液粒径变化

从图3-8中曲线可以看出,新配制的JYC-1聚合物微球乳液的单一分散指数PDI值为1.000,粒径分布极不均匀,最大概率分布粒径为73.54 nm;随着养护时间延长,PDI值逐步减小,恒温养护30 d时,JYC-1聚合物微球乳液的PDI值为0.274,平均粒径超过了410.8nm,最大概率分布粒径为407.8nm。当聚合物微球乳液的平均粒径趋于稳定后,最大概率分布的粒径增至亚微米级,说明JYC-1聚合物微球乳液中的微球具有较好的吸水膨胀能力。

JYC-1微球分子侧链上的酰胺基和水分子发生氢键结合作用是其吸水膨胀的重要原因。当微球与水接触时,水分子与微球相互作用形成溶剂化层,这部分结合水使微球粒径增大,此过程时间短、速度快,并会产生热量;同时,大分子链的相互缠绕形成了微球三维网络结构,水分子可渗入网络结构,这是微球吸水膨胀的另一个原因。溶剂化层形成之后,微球的高分子网络伸长扩展,亲水基团部分水解形成离子,这样高分子网络内部离子浓度高于外部离子浓度,形成渗透压差。在渗透压的作用下,水分子向高分子网络内部渗透,进入高分子网络内部的自由水又与内部的亲水基团形成氢键,进一步促进了亲水基团的水解和渗透压差的增大,导致水分子不断进入微球网络、微球吸水继续膨胀。初期形成的渗透压差较大,吸水膨胀速率快;吸水到一定程度之后渗透压差变得很小,吸水膨胀速率变慢,并最终达到平衡。因此,微球吸水膨胀机理包括氢键形成、水解和渗透压差引起的扩散。在高分子网络全部伸展开或者高分子网络内外渗透压相等时,达到吸水平衡,微球停止膨胀。

3. JYC-1微球乳液光学显微特征

用电子显微镜对水化不同时间的JYC-1微球乳液进行观测,结果如图3-9所示。

  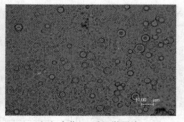

(a)水化5d后显微照片　　　　(b)水化10d后显微照片　　　　(c)水化20d后显微照片

图3-9　水化不同时间后JYC-1微球的显微照片

从图3-9(a)可以看出,水化初期,聚合物微球均匀分散在乳液中,微球的形状和大小没有明显差别;从图3-9(b)可以看出,水化10d后,微球粒径明显增大,而且明显发生了团聚作用,部分相邻的微球开始向一起团聚形成大粒径微球;从图3-9(c)可以看出,微球粒径继续增大、出现了数量较多的大粒径微球。对比微球显微照片可以定性看出微球形状和粒径的变化规律。

4. JYC-1微球乳液微观结构

采用扫描电镜(SEM)对水化不同时间后聚合物微球的微观结构进行测定,结果如图3-10所示。

从图3-10(a)可以看出,初始阶段,微球大小相对均匀,球体之间相对独立,并没有发生明显的相互作用;从图3-10(b)可以看出,水化5d后,微球粒径增大,而且出现了明显的大小差异,球体之间发生交联现象;从图3-10(c)可以看出,水化10d后,微球粒径明显增大,部分微球团聚形成大粒径的球体;从图3-10(d)可以看出,水化20d后,出现了粒径明显增大的微球,微球粒径分级现象极其明显,从微球形态上可以看出,部分微球发生团聚作用凝结在一起形成了大粒径微球。对比不同水化时间时微球的围观结果可以清晰发现，微球粒径随着水化时间延长而逐渐增大，部分微球之间产生团聚现象。

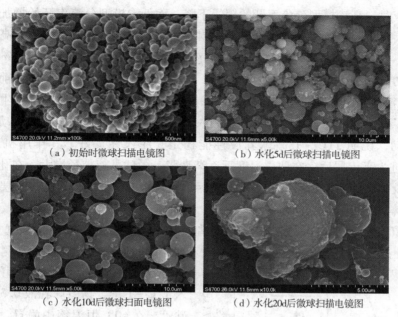

(a) 初始时微球扫描电镜图　　　　(b) 水化5d后微球扫描电镜图

(c) 水化10d后微球扫面电镜图　　(d) 水化20d后微球扫描电镜图

图3-10　JYC-1聚合物微球微观结构（SEM）

四、JYC-1聚合物微球乳液调驱效果

1. 分流率测试

在未饱和原油的并联岩心模型中（高渗模型渗透率为2.25μm²，低渗模型渗透率为0.62μm²，渗透率级差为3.54），注入0.3PV（浓度为2000mg/L）的JYC-1聚合物微球乳液，测定注入调剖剂前后分流率的变化情况，结果如图3-11所示。

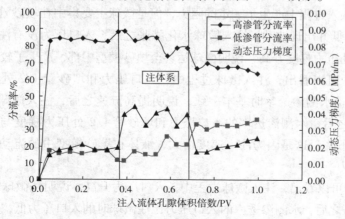

图3-11　并联模型中分流率的变化

从图3-11中曲线可以看出，注入微球乳液之前，高渗模型分流率保持在80%~90%之间，高渗模型分流率是低渗模型分流率的4倍左右；动态压力梯度稳定在0.02MPa/m；注入微球乳液时，高渗模型分流率开始缓慢下降，而低渗模型分流率开始增加，动态压力梯度略有升高，说明微球体系已经开始产生封堵作用；注入微球乳液之后，高渗模型的分流率降低到了63.6%，并且趋于稳定，而低渗模型的分流率增加到了36.7%，高渗模型和低渗模型的分流率差别比调驱前明显减小；动态压力梯度下降至注入体系前的范围。说明JYC-1乳液大量进入高渗层，封堵了高渗层的大孔道，使后续注入水发生转向进入低渗层，扩大了低渗层的波及体积，改善了注入水在非均质模型中的分流率；动态压力梯度没有明显波动，说明JYC-1微球乳液性能稳定、注入性良好。其作用机理是大部分JYC-1微球进入高渗层后，在地层温度下逐渐膨胀，微球乳液粒径增大，在孔喉喉道处形成桥堵，增大了后续注入水的渗流阻力，使后续注入水液流转向进入低渗透层。

2. 封堵率评价

在单根填砂管中充填不同粒径的石英砂制作填砂模型；将填砂模型抽真空，饱和水，测定填砂模型的孔隙度；水测渗透率（分三个流速进行测定）；然后向填砂模型中注入JYC-1聚合物微球乳液0.3PV，密封填砂管，在60℃恒温箱中静置，待微球在填砂模型中水化膨胀；再次进行水测渗透率；计算微球封堵率。每组实验注微球和再次测定填砂模型渗透率时采用相同的注入流量。实验设计了5个流量，分别为0.1mL/min、0.3mL/min、0.5mL/min、1.0mL/min和2.0mL/min。5个流量下的封堵效果如图3-12~图3-16所示。

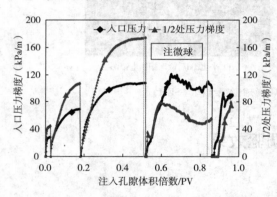

图3-12 注入速度0.1mL/min的封堵效果

从图3-12中可以看出，注入微球过程中，入口压力升高，而填砂管1/2处的压力梯度降低，说明微球注入过程中产生了一定的阻力，但是微球主要集中在填砂管前半部分，因此1/2处压力梯度降低并出现波动。注入微球水化膨胀之后，入口压力没有注入微球时入口压力高，但是1/2处压力梯度升高，说明微球运移至填砂模型中部，产生了较好的封堵作用。

从图3-13中可以看出，注入微球过程中，入口压力和填砂管1/2处的压力梯度和采用0.3mL/min流量水测渗透率时基本一致，说明提高流速之后，注入微球的动力充足。注入微球水化膨胀之后，水测渗透率的入口压力和填砂管1/2处压力梯度与注微球时基本相同，说明封堵率下降，这是因为注入速度增大，液体在填砂模型中的流动能力增强，削弱了微球的封堵能力。

从图3-14中可以看出，注入微球过程中，入口压力升高，说明注微球时产生一定阻力。注入微球水化膨胀之后，水测渗透率的入口压力比注微球时的入口压力低，说明封堵率不佳，这是因为继续注入速度增大，液体在填砂模型中的流动能力继续增强，削弱了微球的封堵能力。

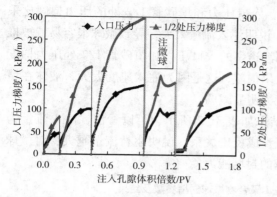

图 3-13　注入速度 0.3mL/min 的封堵效果　　　图 3-14　注入速度 0.5mL/min 的封堵效果

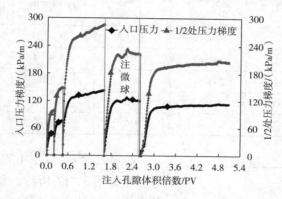

图 3-15　注入速度 1.0mL/min 的封堵效果

从图 3-15 中可以看出，注入微球过程中，入口压力和填砂管 1/2 处的压力梯度比采用 1.0mL/min 流量水测渗透率时低，说明大流量下微球容易注入。注入微球水化膨胀之后，水测渗透率的入口压力和填砂管 1/2 处压力梯度比注微球时有所降低，说明封堵率效果不佳，这是因为注入速度较大，液体在填砂模型中的流动能力较强，导致微球的封堵能力减弱。

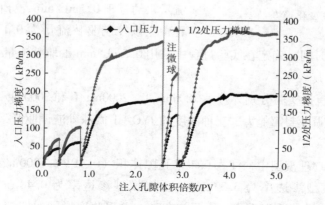

图 3-16　注入速度 2.0mL/min 的封堵效果

从图 3-16 中可以看出，注入微球过程中，入口压力和填砂管 1/2 处的压力梯度比采用 2.0mL/min 流量水测渗透率时降低了很多，说明注入流量太大，导致微球很容易就被推进至填砂管中。注入微球水化膨胀之后，水测渗透率的入口压力和填砂管 1/2 处压力梯度与注微球前相比没有明显变化，说明封堵率效果很差，这是因为注入速度太大，液体在填砂模型中的流动能力很强，导致微球的封堵能力明显减弱。

对比 5 种流量下的封堵率及相关参数，结果如表 3-2 所示。可以看出，注入流量为 0.1mL/min 时，封堵率最高，封堵率和注入流量成反比关系，说明驱替流量越大，对微球的冲击力越强，增大驱替流量会大大削弱微球的封堵能力。

表 3-2 不同驱替速度下 JYC-1 聚合物微球封堵参数及结果

编号	孔隙体积/mL	孔隙度/%	液测 k/$10^{-3}\mu m^2$	注入速度/(mL/min)	微球体积/PV	后续水驱 k/$10^{-3}\mu m^2$	封堵率/%
1	134	27.3	154.11	0.1	0.3	17.35	88.74
2	128	26.08	107.43	0.3	0.3	44.24	58.82
3	146	29.74	293.58	0.5	0.3	125.35	57.30
4	140	28.52	223.74	1.0	0.3	136.64	38.93
5	141	28.72	256.46	2.0	0.3	161.01	37.22

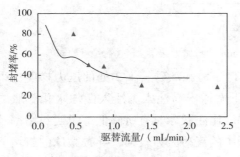

图 3-17 不同驱替流量下的封堵率变化趋势

不同流量下 JYC-1 聚合物微球的封堵率变化趋势如图 3-17 所示，从图中曲线可以看出，当驱替流量超过 0.5mL/min 以后，封堵率低于 50%，这种情况不能满足低渗透油藏深部调剖封堵的要求，因此要求驱替流量不能超过 0.5mL/min。一般在低渗透油藏中，由于储层物性差、渗透率低，流体的流动速度很低，一般只能达到 1m/d，折算成实验室内相同物性条件下的驱替流量，约等于 0.1mL/min，分析认为，在实验过程中应该控制驱替流量为 0.1~0.5mL/min，为了节约一定的实验时间，确定在实验过程中采用 0.5mL/min 的驱替流量。

3. 优化注入浓度

通过调驱物理模拟实验分别评价了 1000mg/L、2000mg/L 和 3000mg/L 三种质量浓度的 JYC-1 微球乳液的调驱封窜能力，三种浓度的 JYC-1 微球乳液调驱开采效果如图 3-18~图 3-20 所示。

在并联非均质物理模型中，注入 0.4 倍孔隙体积（0.4PV）1000mg/L 的 JYC-1 微球乳液，其中高渗模型渗透率为 3.37μm^2，低渗模型渗透率为 0.48μm^2，渗透率级差为 7.02。从图 3-18 中曲线可以看出，水驱初期动态总采收率增加幅度较大，当注水孔隙体积倍数超过 0.5PV 以后，采收率增幅减缓，水驱结束时总采收率为 53.87%。注入微球乳

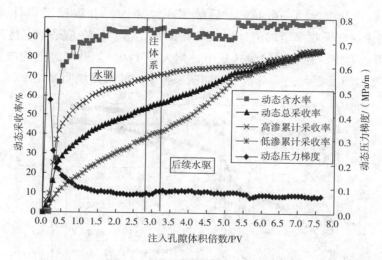

图 3-18 注入 1000mg/L 的 JYC-1 乳液开采效果

液之后,动态含水率开始下降,最低值达到了 84%;调驱之后低渗层累计采收率增幅明显变大,后续水驱使低渗透储层采收率增加了 41.70%;并联填砂管最终总采收率达到了 83.78%。说明注入 JYC-1 体系能有效降低动态含水率、扩大低渗透层波及体积、迅速提高低渗透层的采收率。驱替过程中动态压力梯度在水驱初期达到最大值,之后随着注入孔隙体积倍数的增加,一直保持在 0.08~0.10 MPa/m 范围内,注入 JYC-1 微球乳液并没有引起注入压力波动,验证了 JYC-1 微球乳液具有良好的注入性。

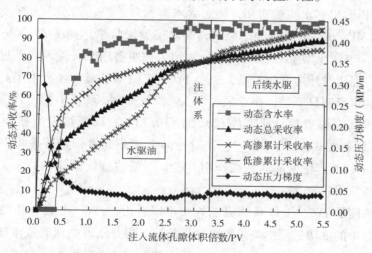

图 3-19 注入 2000mg/L 的 JYC-1 乳液开采效果

图 3-19 是注入 0.4 倍孔隙体积 (0.4PV) 2000mg/L 的 JYC-1 微球乳液后的开采效果,高渗模型渗透率为 $2.18\mu m^2$,低渗模型渗透率为 $0.62\mu m^2$,渗透率级差为 3.52。从图 3-19 中曲线可以看出,随着注入流体孔隙体积倍数的增加,驱替压力梯度先升高而后又迅速降低,最终稳定在 0.05MPa/m;水驱油结束时,高渗模型水驱采收率为 78.04%,低

渗模型水驱采收率也达到了76.46%。后续水驱结束时，低渗模型累计采收率增加了15.69%，为高渗模型采收率增加值（6.81%）的2.3倍，最终总采收率达到了90.37%。对比图3-18可以看出，在相同的注入量下，增大了JYC-1微球乳液的浓度之后，低渗透层的采收率增加幅度更大，提高非均质油藏采收率的效果更加明显。

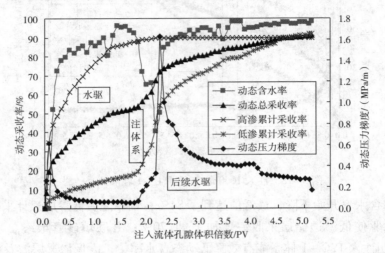

图3-20 注入3000mg/L的JYC-1乳液开采效果

图3-20是注入0.4倍孔隙体积（0.4PV）3000mg/L的JYC-1微球乳液后的开采效果，高渗模型渗透率为2.81μm²，低渗模型渗透率为0.51μm²，渗透率级差为5.51。从图3-20中曲线可以看出，水驱油初期，动态含水率上升较快，动态压力梯度先迅速增加然后又降到了0.1MPa/m，至水驱油结束时，高渗模型采收率达到了86.26%，而低渗模型采收率仅为16.77%，说明低渗层的大部分原油未被驱替出来。注入体系过程中，动态含水率开始下降；而驱替压力开始升高，表明JYC-1微球乳液已经产生了封堵作用。后续水驱时，动态含水率明显下降，而总采收率、低渗管采收率和压力梯度均明显升高，至后续水驱结束时，高渗模型累计采收率仅增加了0.78%，而低渗模型累计采收率增加了63.46%，最终总采收率达到了90.92%，对比高渗管和低渗管累计采收率增加值可以看出，JYC-1乳液能够产生明显的封堵作用，启动了低渗透层原油、扩大了低渗管波及体积，提高了原油总采收率。

对比三种浓度的JYC-1体系的驱油效果可以看出，JYC-1聚合物微球乳液浓度越大，非均质模型中的低渗透层提高采收率效果越好。但是随着微球乳液浓度的增加，调驱之后，后续水驱压力明显升高。考虑到注入压力和应用成本的影响，微球乳液浓度不宜过高。最终确定JYC-1乳液的适宜注入浓度为2000mg/L。

4. 优化注入量

在确定了适宜注入浓度为2000mg/L以后，对比评价了三种注入量下JYC-1的开采效果。

图3-21反映了注入0.2倍孔隙体积（0.2PV）的JYC-1乳液后的开采效果，高渗模

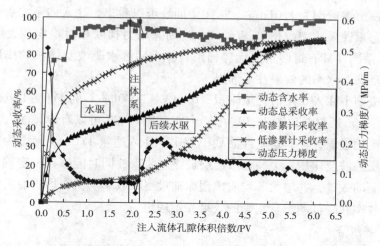

图3-21 注入0.2PV的JYC-1乳液开采效果

型渗透率为$3.96\mu m^2$,低渗模型渗透率为$0.39\mu m^2$,渗透率级差为10.15。从图3-21中曲线可以看出,动态含水率在水驱初期迅速上升,超过90%之后趋于平缓,进行注微球调驱之后,动态含水率明显下降;动态压力梯度在水驱初期迅速升高到极大值之后开始降低,说明水驱突破之后,动态压力梯度迅速下降并趋于平缓,注入体系后,高渗透层的窜流通道被封堵,后续注入水转向进入低渗透层,注入压力上升,随着后续水驱的继续进行,动态压力梯度又降低并一直保持在0.1MPa/m附近,高于注入体系前动态压力梯度;高渗模型水驱采收率为73.86%,而低渗模型采收率只有13.08%;注入0.2PV的JYC-1微球乳液之后,至后续水驱结束时,高渗模型累计采收率增加了12.11%,而低渗模型累计采收率增加了75.67%,说明在一定渗透率极差范围的非均质岩心中,JYC-1体系有利于提高低渗透层的波及体积和最终采收率。

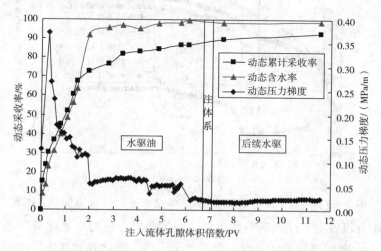

图3-22 注入0.3PV的JYC-1乳液开采效果

图3-22是在均质模型中注入0.3倍孔隙体积(0.3PV)2000mg/L的JYC-1乳液后

的开采效果。模型渗透率为 $1.01\mu m^2$。从图中曲线可以看出，注入体系之后，动态含水率略有下降，动态累计采收率仅增加了 6.16%，动态压力梯度相对稳定，表明在均质油藏中，JYC-1 体系同样具有封堵水流优势通道，扩大后续水驱波及体积的作用，但是提高采收率和降低动态含水率的效果并不理想。

在非均质模型中注入 0.4 倍孔隙体积（0.4PV）2000mg/L 的 JYC-1 乳液后的开采效果如图 3-19 所示。通过对比图 3-19、图 3-21 和图 3-22 可以看出，注入量的多少取决于储层非均质性的强弱，在非均质性油藏模型中，注入适量 JYC-1 聚合物微球乳液，可以扩大低渗透层的波及体积，提高低渗透层最终采收率，同时能够在一定程度上提高水驱后高渗透层的驱油效率，并增大非均质模型原油最终采收率。而在均质油藏中注入 JYC-1 乳液，提高采收率和降低动态含水率的效果并不理想。

5. 优化段塞组合

在非均质模型中，注入不同粒径级别的 JYC-1 乳液段塞，评价不同段塞组合的调驱效果。不同段塞的调驱结果如图 3-23 和图 3-24 所示。

图 3-23 反映了注入 0.2 倍孔隙体积（0.2PV）2000mg/L（毫米级）和 0.2 倍孔隙体积（0.2PV）2000mg/L（纳米级）的 JYC-1 聚合物微球乳液时的开采效果。从图 3-23 可以看出，注入调驱体系后，低渗透岩心模型采收率明显增加；动态含水率大幅降低，后续水驱至 4.5 倍孔隙体积（4.5PV）时，动态含水率接近 100%；注入微球乳液体系，驱替压力梯度升高并稳定在 0.6MPa/m，表明高渗透岩心模型的窜流通道被封堵，液流转向进入低渗透岩心模型。

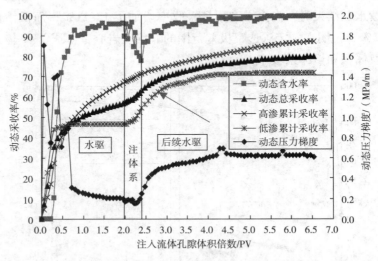

图 3-23　注入 0.2PV 毫米级和 0.2PV 纳米级 JYC-1 乳液开采效果

从图 3-24 可以看出，注入调驱体系后，低渗透岩心模型采收率有所增加但增加效果不明显；动态含水率和调驱封堵前没有明显变化；注入微球乳液体系，驱替压力梯度升高并稳定在 0.15MPa/m，但是整个驱替过程注入压力并不高，说明 0.2PV 微米级和 0.2PV 纳米级的段塞组合方式并没有形成有效封堵，只是在一定程度上提高了驱油效率，提高原

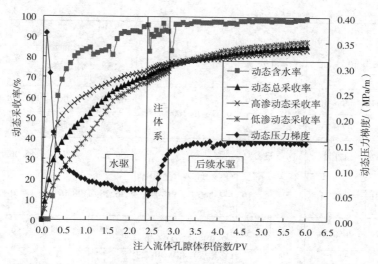

图 3-24 注入 0.2PV 微米级和 0.2PV 纳米级 JYC-1 乳液开采效果

油采收率效果不佳。注入段塞大小和储层非均质性密切相关,通过优化注入段塞可有效降低应用成本。实验结果显示,0.2 PV 毫米级 +0.2 PV 纳米级段塞提高采收率的效果明显优于 0.2 PV 微米级 +0.2 PV 纳米级,考虑到驱油效果和成本因素,确定在现场应用过程中可采用段塞 0.2 PV 毫米级 +0.2 PV 纳米级的 JYC-1 聚合物微球乳液。

JYC-1 聚合物微球乳液在不同渗透率级差非均质模型中的调驱效果及模型参数见表 3-3。主要研究了层间非均质性、注入浓度和注入段塞大小对 JYC-1 聚合物微球乳液调驱效果的影响规律。

表 3-3 非均质油藏驱油模型性能参数

序号	类别	孔隙度/%	$k/10^{-3}\mu m^2$	J_K	$S/\%$	微球段塞	采收率/%				
							水驱	注段塞	后续水驱	累计	最终
1		31.69	1010.51		86.96	0.3PV 的 2000mg/L	86.45	0.21	6.16		92.82
2	高渗	42.33	2245.57	8.76		0.3PV 的 2000mg/L					
	低渗	39.61	256.40								
3	高渗	44.14	2176.48	3.54	88.46	0.4PV 的 2000mg/L	78.04	0.65	6.81	85.50	90.52
	低渗	43.86	615.09		83.87		76.46	3.38	15.69	95.53	
4	高渗	48.02	3962.77	10.12	90.48	0.2PV 的 2000mg/L	73.86	1.84	12.11	87.81	88.57
	低渗	35.65	391.65		61.28		13.08	0.58	75.67	89.33	
5	高渗	41.59	2806.97	5.46	86.67	0.4PV 的 3000mg/L	86.26	2.75	0.78	89.79	90.92
	低渗	41.02	514.20		87.59		16.77	11.81	63.46	92.04	

续表

序号	类别	孔隙度/%	$k/10^{-3}\mu m^2$	J_K	S/%	微球段塞	采收率/% 水驱	注段塞	后续水驱	累计	最终
6	高渗	41.64	3368.36	7.05	92.39	0.4PV 的 1000mg/L	69.12	2.06	12.79	83.97	83.88
	低渗	42.44	477.73		92.00		38.52	3.56	41.70	83.78	
7	高渗	43.57	1871.31	4.56	88.31	0.2PV 的 2000mg/L（毫米级）和 0.2PV 的 2000mg/L（纳米级）	66.25	4.71	15.96	86.92	79.14
	低渗	43.01	410.74		83.16		46.28	8.07	17.01	71.36	
8	高渗	40.74	2050.31	5.94	87.50	0.2PV 的 2000mg/L（微米级）和 0.2PV 的 2000mg/L（纳米级）	73.17	3.73	6.59	83.49	85.62
	低渗	41.88	345.45		81.08		67.50	5.33	14.92	87.85	

由表 3-3 可知，模型的孔隙度基本一致，各组渗透率级差均大于 3，最大级差为 10.12。各组中岩心渗透率高则含油饱和度相对较高，单组中岩心渗透率级差较大时，高低渗透率岩心含油饱和度差别较大。采用合注分采的开采方式，当动态含水率超过 95% 后，利用 JYC-1 聚合物微球乳液进行封堵调驱。调驱之后，后续水驱采收率均有提高，特别是低渗透率岩心采收率增幅较大，说明聚合物微球乳液产生了较好的调驱作用，使后续注入水液流转向，扩大了低渗透率岩心的波及体积和采出程度。

在模拟储层条件下，JYC 聚合物微球链上的极性基团和水中的氢键发生氢键结合作用，这是微球发生膨胀的主要原因，70℃恒温养护 30d 后，微球的膨胀作用趋于稳定，粒径可达到亚微米级，分散性变好，溶胀后的聚合物微球在孔喉喉道处形成桥堵，能够有效封堵高渗透层，提高水驱后高渗透层的驱油效率，改善注入水在非均质油藏中的分流率，扩大低渗透层波及体积。JYC 聚合物微球乳液的表观黏度略高于蒸馏水的表观黏度，注入性良好，可运移到油藏深部发挥封堵调驱作用。

在渗透率级差大于 3 的非均质高含水油藏模型中，JYC 聚合物微球乳液均能产生一定的调驱能力，提高后续水驱效果。适宜注入浓度为 2000mg/L，注入量大小和储层非均质性密切相关，其在非均质油藏中的调驱效果优于在均质油藏中的调驱效果。其中，浓度为 2000mg/L 的 0.2 PV 毫米级 +0.2 PV 纳米级的 JYC 聚合物微球乳液段塞组合的调驱效果较好。

聚合物微球乳液在中高渗非均质油藏中具有良好的应用前景，其表观黏度低，注入性好，调驱效果明显。通过注入压力的变化规律可以看出，聚合物微球乳液在中高渗模型中封堵强度低，并没有形成较强的封堵效果，对于低渗和特低渗透油藏，聚合物微球乳液的封堵能力不足，启动基质剩余油的能力有限，使其在低渗透油藏中的应用受到了限制。

第二节　含油污泥深部封窜剂适应性评价

含油污泥调剖技术在实验室内和油田现场均取得了一定的应用效果，但是该技术的主要问题是含油污泥组分中含有大量的金属离子和杂质，使污泥颗粒分散悬浮性差，注入困难。油田现场常用植物胶类增黏剂作为污泥颗粒的悬浮剂，由于植物胶生物适应差且絮凝作用较强，不能有效解决污泥颗粒分散不均匀、悬浮不稳定的问题。污泥颗粒注入地层后，随着后续水驱的冲刷，部分污泥再次从油井采出，不但导致封堵失效而且造成二次污染。由此可见，常规含油污泥调剖体系分散悬浮性差、体系注入前不稳定，注入后封堵强度低、容易再次采出形成二次污染是目前该技术面临的主要难题。

针对含油污泥调剖技术的难题，通过筛选优化实验确定出了性能良好的分散剂和悬浮剂。在此基础上加入成胶剂制成凝胶型含油污泥调剖体系，使含油污泥颗粒包裹在凝胶网状结构中，形成封堵能力较强的凝胶堵剂，通过物理模拟实验评价了含油污泥调剖技术在低渗透油藏中调剖封窜效果。

一、实验过程

1. 实验药品与试样

羧甲基纤维素钠 CMC；非离子聚丙烯酰胺 NPAM；SNF；KYPAM；Na_2CO_3；NaOH；CTAB；石油磺酸盐；水玻璃等。

胜利油田取含油污泥试样，含油量 16.3%，含水量 21.8%，固相含量 61.9%。将此含油污泥试样加水搅拌、研磨、利用筛网过滤后可得不同粒径的处理含油污泥样。70 目含油污泥的含水率为 76.69%，325 目含油污泥的含水率为 78.32%。

2. 实验设备与仪器

Quanta200F 场发射扫描电子显微镜（图 3-25）；ZNN-D6 型六速旋转黏度计（图 3-26）；高速搅拌器；HAAKE RS600 型流变仪（图 3-27）；烘箱；电子天平（0.001g）；物理模拟驱油实验装置，常规玻璃器皿。

3. 实验方法与步骤

（1）制备污泥试样，通过 Quanta200F 场发射扫描电子显微镜观察污泥样品的表面形貌并进行成分分析。

（2）以沉降时间、沉降层厚度和 pH 值变化规律为指标确定分散剂及其适宜添加量。

（3）通过表观黏度变化规律和沉降现象从羧甲基纤维素钠 CMC；非离子聚丙烯酰胺 NPAM；SNF 和 KYPAM 四种悬浮剂中筛选合适的悬浮剂，并确定适宜添加量。

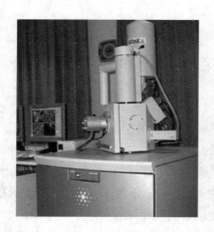
图 3-25 Quanta200F 场发射扫描电子显微镜

图 3-26 ZNN-D6 型六速旋转黏度计

图 3-27 HAAKE RS600 型流变仪

（4）添加适量的成胶剂和引发剂，以含油污泥为主剂制成注入性良好的调剖剂，进行调剖物理模拟实验，评价调剖效果。

4. 凝胶型含油污泥调剖体系制备

按照 4.0%（质量分数）含油污泥（有效含量）+1.0%（质量分数）Na_2CO_3 +0.3%（质量分数）CMC +3.0%（质量分数）成胶剂 +0.1%（质量分数）引发剂的配方配制调剖体系，以 1000r/min 高速搅拌 10 min，制成新型含油污泥调剖体系。

二、含油污泥组分分析

含油污泥样品制备：含油污泥试样（取自胜利油田），含油量 16.3%，含水量 21.8%，固相含量 61.9%。将此含油污泥试样加水搅拌、研磨、利用筛网过滤后可得不同粒径的处理含油污泥样。70 目含油污泥的含水率为 76.69%，325 目含油污泥的含水率为 78.32%。然后定量称取 325 目含油污泥烘干，通过 Quanta200F 场发射扫描电子显微镜测定处理后含油污泥样的微观形貌特征和组分，结果如图 3-28 所示。

（a）放大5000倍（325目）SEM照片

（b）放大10000倍（325目）SEM照片

图 3-28 含油污泥扫描电镜结果

从图 3-28 可以看出，污泥颗粒结构形状不规整，硅氧四面体晶片和铝氧八面体晶片的层状结构被严重损坏，这种不规整结构是污泥颗粒容易沉降、分散悬浮性差的主要原因。污泥成分中含有 K^+、Ca^{2+}、Na^+、Mg^{2+}、Al^{3+}、Fe^{2+}、Fe^{3+}、Ba^{2+}、Sr^{2+} 等金属离子，其中 Ca^{2+} 含量为 11.67%，总 Fe 离子含量为 6.42%，较高的金属离子含量对污泥分散悬浮性能影响较大，使污泥颗粒更易沉降。因此，必须选择合适的分散剂对含油污泥进行预处理。

从元素图谱中可以看出（图 3-29），含油污泥中除了碳、硅、氧、铝四种常规元素外，钠、镁、钙、钾、铁金属元素含量较高，从而证实了含油污泥中金属离子含量较高的结论。

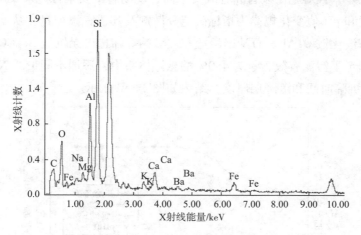

图 3-29 含油污泥元素图谱

从表 3-4 中可以看出，铁元素的有效含量达到了 6.30%（质量分数），钙元素的含量为 4.47%（质量分数）。铁离子容易和氢氧根结合生成不溶于水的沉淀，钙离子容易影响含油污泥黏土颗粒表面电性，影响硅氧四面体和铝氧八面体的层状结构，导致含油污泥颗粒容易沉降。

表3-4 含油污泥元素分析结果

元素	含量（质量分数）/%	含量（原子数百分比）/%
CK	23.85	39.28
OK	22.24	27.50
NaK	01.15	00.99
MgK	01.13	00.92
AlK	10.84	07.95
SiK	24.99	17.60
KK	01.67	00.85
CaK	04.47	02.21
BaL	03.37	00.49
FeK	06.30	02.23

三、含油污泥悬浮分散性能

1. 含油污泥分散剂优选

常用的含油污泥分散剂有三类：第一类是表面活性剂类，第二类是碱性物质，第三类是无机盐。同时，带有亲水和亲油基团的表面活性剂能够降低油水界面张力，较好地分散含油污泥悬浮液，但是含油污泥中存在的金属离子和杂质，降低了表面活性剂的活性，致使表面活性剂的分散能力下降；而 NaOH 和 KOH 等属于强碱，使调剖剂处在强碱性环境中，储层配伍性差，且对施工设备和管线要求高，现场施工安全性差。实验室内以沉降时间、沉降层厚度和 pH 值变化规律为指标确定分散剂及其适宜添加量，从 Na_2CO_3、NaOH、十六烷基三甲基溴化铵 CTAB、石油磺酸盐和硅酸钠等筛选出无机盐 Na_2CO_3 可作为含油污泥的分散剂。测定了污泥有效含量为 4.0% 的悬浮体系中，添加不同量的 Na_2CO_3 后，体系的 pH 值、颗粒沉降时间和沉降层厚度，结果如图 3-30 所示。

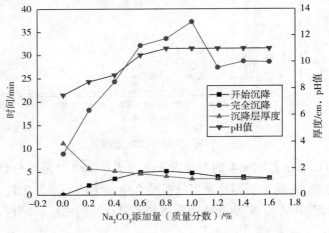

图 3-30 含油污泥的分散性能

从图 3-30 中曲线可以看出，当 Na_2CO_3 的添加量低于 0.8% 时，悬浮体系的 pH 值随着 Na_2CO_3 的添加量增加而增大，属于弱碱性体系；分层时间快，表明颗粒沉降速度较快；沉降层厚度大，表明分散悬浮性差。当 Na_2CO_3 添加量为 0.8%~1.0% 时，体系的 pH 值为 11 且不再增大，开始分层时间和颗粒完全沉降时间延长，污泥颗粒沉降层厚度最小为 1.2cm。当 Na_2CO_3 添加量超过 1.0% 之后，开始分散时间和颗粒全部沉降时间均降低，分散性能变差，因为过量的纯碱导致黏土颗粒发生聚结。故 Na_2CO_3 的适宜添加量应该控制在 0.8%~1.0%。加入 Na_2CO_3 改变了污泥颗粒表面电性，加强了离子交换作用，使污泥颗粒表面带正电，形成极性吸附层，增大了颗粒间空间位阻效应，使污泥颗粒更好地分散稳定。

2. 含油污泥悬浮剂优选

具有增黏性能的高分子化合物是常用的污泥悬浮剂。由于天然高分子化合物如黄原胶等生物适应性差，致使金属离子和杂质含量高的污泥颗粒不能较好地稳定悬浮。利用 ZNN-D6 型六速旋转黏度计测试含油污泥体系的流变性，通过表观黏度变化规律和沉降现象从羧甲基纤维素 CMC、非离子聚丙烯酰胺 NPAM、SNF 和 KYPAM 四种高分子化合物中筛选合适的悬浮剂，并确定适宜添加量。悬浮液中加入高分子化合物可以增大体系的表观黏度，高分子链的空间位阻减小了污泥颗粒沉降速度，有利于污泥颗粒的悬浮稳定，在有效含量为 4.0% 的污泥悬浮液中，添加不同质量浓度的四种悬浮剂，其流变特性和表观黏度变化规律见表 3-5。

表 3-5 添加不同悬浮剂后含油污泥体系的流变性能

序号	悬浮剂加量/%	AV/mPa·s	PV/mPa·s	YP/Pa	流性指数（n）	k/mPa·s^n
1	0.2CMC	3.30	3.0	0.307	0.87	0.01
2	0.3CMC	5.00	4.5	0.511	0.86	0.01
3	0.4CMC	7.00	6.0	0.511	0.81	0.03
4	0.5CMC	9.50	9.0	0.511	0.93	0.02
5	0.6CMC	14.00	12.0	2.044	0.81	0.05
6	0.2NPAM	1.75	1.5	0.256	0.81	0.01
7	0.3 NPAM	1.75	1.5	0.256	0.81	0.01
8	0.4 NPAM	2.00	1.8	0.204	0.86	0.01
9	0.5 NPAM	2.00	1.8	0.204	0.86	0.01
10	0.6 NPAM	2.00	1.4	0.613	0.62	0.03
11	0.2SNF	6.60	3.6	3.066	0.46	0.28
12	0.3 SNF	9.00	6.0	3.066	0.58	0.16
13	0.4 SNF	14.00	9.0	5.110	0.56	0.30
14	0.5 SNF	18.50	13.4	5.212	0.65	0.21
15	0.6 SNF	22.00	13.0	9.198	0.50	0.68

续表

序号	悬浮剂加量/%	AV/mPa·s	PV/mPa·s	YP/Pa	流性指数（n）	k/mPa·s^n
16	0.2 KYPAM	7.30	4.6	2.759	0.55	0.17
17	0.3 KYPAM	11.00	7.0	4.088	0.55	0.24
18	0.4 KYPAM	15.50	10.0	5.621	0.56	0.32
19	0.5 KYPAM	21.00	13.0	8.176	0.53	0.53
20	0.6 KYPAM	28.50	16.0	12.775	0.48	1.08

从表 3-5 中数据可以看出，添加 CMC 和 NPAM 之后，除 0.6% NPAM 的体系流性指数为 0.62，其他体系的流性指数稳定在 0.8 以上，稠度系数和动切力在较小范围内变化，比较稳定；而添加了 SNF 和 KYPAM 之后，体系的动切力和稠度系数明显比添加了 CMC 和 NPAM 的增大，流性指数明显降低，SNF 体系的稠度系数变化无规律，说明这两种聚合物对于含油污泥体系稳定悬浮并不适用。

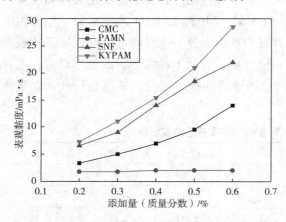

图 3-31 添加不同量悬浮剂后体系的表观黏度

从图 3-31 可以看出，NPAM 对污泥体系流变特性影响最小，体系表观黏度随着 NPAM 增加基本没有变化；SNF 和 KYPAM 对体系流变特性影响较大，随着其添加量增大，体系表观黏度和动切力明显增大，流性指数和稠度系数变化不明显，这种流变特性不利于现场施工注入；随着 CMC 添加量的增加，体系表观黏度缓慢增加，各流变参数处于较低的范围内，易于控制。实验中发现，KYPAM 和 SNF 的絮凝作用明显，虽然体系表观黏度增大明显，但是由于 KYPAM 和 SNF 的超长分子链对黏土颗粒的吸附架桥作用，致使污泥颗粒很快形成聚集体絮凝沉降，故选择 CMC 作为污泥体系的悬浮剂。考虑注入能力和应用成本，CMC 的适宜添加量控制在 0.3% 左右。

四、调剖剂性能评价

1. 凝胶屈服应力

利用 HAAKE RS600 型流变仪，采用平板测量头系统（PP20Ti），转子直径 10mm，剪切力因子 636600Pa/（N·m），剪切速率因子 $10s^{-1}$/（rad/s），应力设定为 50Pa 恒定，实验温度 70℃。测定含油污泥凝胶的屈服应力结果如图 3-32 所示。

利用屈服应力来表征凝胶的屈服特性。凝胶在外载作用下产生明显的塑性变形，当外载作用力大于凝胶临界状态的屈服应力时，凝胶发生屈服现象，由于凝胶具有延展的韧性以及黏弹性，所以基本不会产生脆性破坏。从图3-32中曲线可以看出，含油污泥凝胶的临界屈服应力为10190Pa。

2. 含油污泥调剖体系的开采特性

采用双层非均质物理模型进行调剖模拟实验，高渗透层气测渗透率为$3.555\mu m^2$，低渗透层气测渗透率为$1.054\mu m^2$，渗透率级差为3.37。调剖效果如图3-33所示。

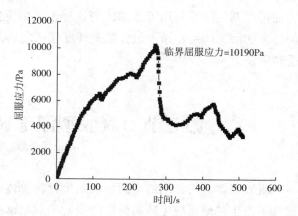

图3-32 凝胶堵剂的屈服应力

从图3-33中曲线可以看出，当注入孔隙体积倍数达到2PV时，动态累计采收率为55.44%趋于稳定，动态含水超过了98%。此时注入0.3PV凝胶型污泥调剖体系，关井候凝，调剖后进行后续水驱，动态含水率明显下降，从98.1%降至92.0%，驱替压力梯度从0.15MPa/m增加到5.70MPa/m并趋于稳定，原油累计采收率逐渐增加，最终采收率增加5.5%。说明以含油污泥为主剂的调剖剂可以有效降低动态含水率，增加原油最终采收率，实现较好的调剖封堵作用。

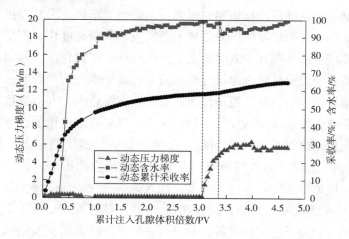

图3-33 注入0.3PV污泥调剖剂后的开采效果

含油污泥成分复杂，钙、铁等金属离子含量较高，黏土的硅氧四面体和铝氧八面体层状结构已经被破坏，分散悬浮稳定性差，通过添加0.8%~1.0%的Na_2CO_3处理之后，再加入0.3%的羧甲基纤维素钠CMC就能较好地分散悬浮污泥颗粒，保证体系的稳定性和注入性；继续添加3.0%的成胶剂和0.1%引发剂制成凝胶型含油污泥调剖体系。这种凝胶型含油污泥调剖体系较好地解决了污泥颗粒的分散悬浮稳定问题，注入性得到改善。

含油污泥凝胶堵剂形成的污泥凝胶强度大，临界屈服应力为10190Pa，可防止含油污泥被二次采出而造成的再污染。采用双层非均质模型物理模拟实验评价该体系的调剖效果，发现该体系能有效降低动态含水率，扩大波及体积，原油最终采收率提高了5.5%。

含油污泥调剖体系利用了含油污泥这种油田废弃物，变废为宝，具有较大发展应用潜力，但是含油污泥体系在添加量分散剂和悬浮剂之后，表观黏度较大，在低渗透油藏中的应用受到限制。

第三节　凝胶型深部调剖封窜剂适应性

凝胶型调剖封窜剂的应用机理是聚合物单体在交联剂和引发剂存在的情况下，在储层温度下发生共聚反应生成高强度的凝胶，封堵窜流通道。其应用优势是在注入地层前为与水相似的低黏度溶液体系，保证了其"注得进"。进入地层后，在地层条件下发生共聚反应生成强凝胶，保证了其"堵得住"。通过配方调整控制其反应时间，保证了其"堵得准"。通过优化组分含量和反应环境，保证了其"用得起"。通过预实验评价凝胶体系在低渗透油藏中调剖封窜的适应性。在配方调整优化过程中，向有机凝胶配方中添加无机沉淀类组分，制备成无机-有机复合凝胶，以达到降低有机凝胶配方中主剂用量，增加复合凝胶强度的目的。

无机沉淀调剖剂也是油田现场应用广泛的一类调剖封窜剂。因其应用成本低，注入性好而受到重视。无机化合物的反应一般是离子型反应，反应速度快，不易控制，在应用无机类堵剂时，要使堵剂的配制和注入时间充足，避免反应产物在注入井内之前形成颗粒细小的沉淀物；另外，应力争使堵剂的最终形态为具有良好强度的凝胶态。因此，在选择堵剂时必须考虑到地层的岩石特性、流体性质、孔隙度、渗透率、井下温度等因素。影响无机反应的因素主要有：①反应液浓度。一般情况下，反应液浓度增加，可以提高调剖堵水剂的生成速率，无机调剖堵水剂对反应液浓度敏感性强，需要确定有一个最佳的浓度范围。②pH值的影响。③储层温度的影响。温度对无机反应的影响较大，一般情况下，随着温度升高无机反应速率加快。④注入速度。注入速度过快，反应液接触不完全，不利于堵剂的生成；注入速度较慢，则会使反应液无法进入储层深部，影响调剖堵水的效果。⑤注入压力。因此，确定反应时间可控，并具有一定强度的无机沉淀堵剂，为制备复合凝胶做好铺垫。首先要进行无机沉淀反应的研究，确定无机盐的应用种类和控制过程。

一、无机凝胶实验方案和实验结果

按照实验设计方案，复配硅酸钠、尿素、三氯化铝和硫酸铝等化合物，配制不同浓度的无机堵剂，在一定温度下观察反应时间及反应现象，依据反应时间和现象调整优化配方。首先测定了不同浓度硅酸钠和尿素、不同浓度铝盐和尿素的反应结果，实验配制了33个试样，放置于60℃烘箱中，观察无机反应实验现象。静置了24h之后，各个试样没有明显变化，随着静置时间的继续延长，各个试样开始发生变化，最终反应3d后，观察实验现象，如表3-6和表3-7所示。在此基础上，测定了硅酸钠、尿素和铝盐共同作用时的反应结果。

表3-6 不同浓度硅酸钠和尿素反应的实验结果

序号	硅酸钠浓度（质量分数）/%	尿素浓度（质量分数）/%	实验现象（反应3d）	无机凝胶量/g
1	3	2	白色颗粒状固体沉淀，强度弱	2.53
2	3	4	白色固体沉淀，沉淀物占总体积的1/3	5.86
3	3	6	白色固体沉淀，沉淀物占总体积的1/2，强度弱	7.22
4	3	8	白色固体沉淀，强度不高，具有一定黏性	10.35
5	3	10	白色固体沉淀，具有一定黏性，强度不高	14.38
6	4	2	白色沉淀，强度大于1号样品	2.88
7	4	4	白色沉淀，具有一定强度	6.03
8	4	6	沉淀量比7号多，具有一定强度	9.30
9	4	8	白色颗粒沉底，具有一定强度	11.85
10	4	10	白色颗粒沉底，强度较大	15.68
11	5	2	白色固体颗粒，强度小	3.05
12	5	4	白色固体颗粒，具有一定强度，效果较好	6.57
13	5	6	白色固体颗粒，强度较大	10.32
14	5	8	白色沉淀，有氨气味，强度一般	13.69
15	5	10	白色沉淀，氨气味重，强度一般，具有一定黏性	15.26

从表3-6中硅酸钠和尿素的反应结果可以看出，硅酸钠添加量控制在3%~5%之间，质量浓度梯度1%。尿素添加量控制在2%~10%之间，质量浓度梯度2%。

铝盐［$AlCl_3$、$Al_2(SO_4)_3$］和尿素的反应结果见表3-7。铝盐用量控制在2%~6%，浓度梯度2%。尿素用量控制在3%~9%，浓度梯度3%。

表3-7 不同浓度铝盐和尿素反应的实验结果

序号	$AlCl_3$添加量（质量分数）/%	尿素添加量（质量分数）/%	实验现象（反应3d）	无机凝胶量/g
16	2	3	白色沉淀，强度很弱	1.53
17	2	6	氨气味重，强度很弱	1.86
18	2	9	白色沉淀，氨气味重，强度弱	2.81
19	4	3	白色沉淀，一捏即碎，强度弱	3.42
20	4	6	白色块状沉淀，强度较弱	5.32

续表

序号	$AlCl_3$添加量（质量分数）/%	尿素添加量（质量分数）/%	实验现象（反应3d）	无机凝胶量/g
21	4	9	强度小，一捏即碎	3.69
22	6	3	黏稠糊状，强度小	4.23
23	6	6	白色块状沉淀，强度小	5.86
24	6	9	白色沉淀，强度小	6.83

序号	$Al_2(SO_4)_3$添加量（质量分数）/%	尿素添加量（质量分数）/%	实验现象（反应3d）	无机凝胶量/g
25	2	3	白色沉淀，强度很小	1.63
26	2	6	白色沉淀，强度小	1.92
27	2	9	白色沉淀，强度小	1.98
28	4	3	白色沉淀，强度小	1.53
29	4	6	白色沉淀，强度小	1.76
30	4	9	白色沉淀，强度弱	1.94
31	6	3	白色颗粒状沉淀，强度小	1.45
32	6	6	白色颗粒状沉淀，强度小	1.85
33	6	9	白色沉淀，强度小	1.94

分析表3-6和表3-7中的实验现象认为，随着反应物浓度的增大，生成的无机凝胶量随之增大，但是沉淀的强度不够，一捏即碎，定量评价无机沉淀强度难度较大。从实验中发现，硅酸钠和尿素反应生成的无机凝胶量大，反应效果比铝盐和尿素反应效果好。

硅酸钠属于强碱弱酸盐，在水溶液中显碱性；尿素是带有一个羰基和两个氨基的有机物，在酸、碱、酶作用下（酸、碱需加热）能水解生成氨和二氧化碳。铝盐可以提供三价铝离子，三价铝离子具有络合作用，同时在碱性环境中也可以生成白色固体沉淀氢氧化铝，尝试了在4%硅酸钠溶液中添加不同浓度的尿素和铝盐，观察其反应现象。反应温度：60℃。实验结果见表3-8和表3-9。表3-8是给定了尿素的浓度梯度，改变硫酸铝的浓度，测试三种组分反应结果。

表3-8 硅酸钠、尿素和$Al_2(SO_4)_3$实验结果

序号	硅酸钠（质量分数）/%	尿素（质量分数）/%	$Al_2(SO_4)_3$（质量分数）/%	实验现象（配制完毕立即观察）	沉淀质量/g
1	4	3	3	反应快，沉淀物占总体积1/3	5.96
2	4	3	4	混合后立即生成沉淀，流动性差	6.03
3	4	3	5	白色沉淀，具有黏性，无流动性	7.86
4	4	4	3	白色沉淀，沉淀量较大，强度小	5.43

续表

序号	硅酸钠（质量分数）/%	尿素（质量分数）/%	$Al_2(SO_4)_3$（质量分数）/%	实验现象（配制完毕立即观察）	沉淀质量/g
5	4	4	4	生成大量白色沉淀，流动性很差	6.35
6	4	4	5	白色沉淀，具有黏性，无流动性	7.29
7	4	5	3	白色沉淀，沉淀量较大，强度小	5.62
8	4	5	4	立即生成白色沉淀，流动性很差	6.75
9	4	5	5	白色沉淀，具有黏性，无流动性	8.84

表 3-9 确定硅酸钠浓度不变，给定了尿素的浓度梯度，改变三氯化铝的浓度，测试三种组分反应结果。

表 3-9　硅酸钠、尿素和 $AlCl_3$ 实验结果

序号	硅酸钠（质量分数）/%	尿素（质量分数）/%	$AlCl_3$（质量分数）/%	实验现象（配制完毕立即观察）	沉淀质量/g
10	4	3	3	迅速生成白色沉淀，沉淀强度很小	6.35
11	4	3	4	生成大量白色沉淀，一捏即碎	7.85
12	4	3	5	迅速生成白色沉淀，胶状，无流动性	8.76
13	4	4	3	迅速生成白色沉淀	6.86
14	4	4	4	振荡之后迅速生成糊状白色沉淀	8.02
15	4	4	5	糊状白色沉淀，物强度小，无流动性	9.16
16	4	5	3	迅速生成白色沉淀	7.04
17	4	5	4	振荡之后迅速生成糊状白色沉淀	8.35
18	4	5	5	迅速生成糊状白色沉淀，无流动性	8.97

从表 3-8 和表 3-9 中的实验现象可以看出，随着反应物浓度的增大，生成的无机凝胶量也增大，但是所形成的沉淀强度很差。尿素水溶液显中性；硅酸钠溶液显碱性；铝盐是强酸弱碱盐，其水溶液显酸性。这三者混合之后迅速发生酸碱中和反应，生成白色沉淀氢氧化铝，其反应速率快，反应时间可控性差，不适于制备复合凝胶。

综合以上无机沉淀实验可以看出，同时应用硅酸钠、尿素和铝盐时，反应速度过快，不易控制。而在不添加铝盐的配方中（即硅酸钠添加尿素），这个配方利用了尿素在碱性环境中加热后水解，产生氨和二氧化碳，二氧化碳和硅酸钠反应生成原硅酸白色无机凝胶，因为尿素的水解速度较慢，所以有利于控制反应时间，其主要缺点是形成的沉淀强度小。

在下面的配方调整中，可以考虑优化硅酸钠和尿素的添加量，并施加一定的压力，观

察其在定压环境下的反应效果。在低渗透油藏气驱开发过程中，二氧化碳气体是一种最主要的驱替流体，采用二氧化碳气体驱替时，注入低浓度的硅酸钠溶液，可以形成原硅酸无机凝胶，这为制备复合凝胶提供了基础，图 3-34 是 5% 的硅酸钠溶液中通入二氧化碳反应 12h 之后形成的固体沉淀颗粒，反应压力为 1.0MPa。

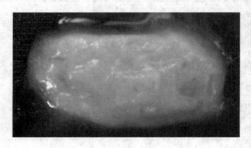

图 3-34　硅酸钠在 1.0MPa 的二氧化碳环境中形成的沉淀

从图 3-34 可以看出，硅酸钠溶液与二氧化碳气体发生反应之后，生成了白色原硅酸凝胶，这种无机凝胶颗粒细小、缺乏黏弹性，不具备封堵油藏优势通道的能力。

二、凝胶型调剖剂封堵实验

凝胶型调剖剂封堵实验采用双层非均质物理模型，实验模型如图 3-35（a）所示，物理模型中油层的尺寸为 $4.5cm \times 30cm \times 1.5cm$，渗透率为 $9.5 \times 10^{-3} \mu m^2$；水层的尺寸为 $4.5cm \times 4.5cm \times 3.0cm$，渗透率为 $630 \times 10^{-3} \mu m^2$；水层和油层渗透极差达到了 66，较好地模拟了底水油藏的典型特征。按照驱替实验的基本操作流程连接装置，评价凝胶型调剖封窜体系在非均质底水油藏模型中的封堵效果和提高采收率的潜力。

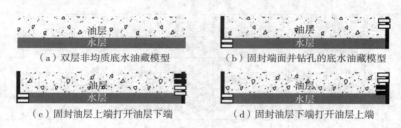

图 3-35　实验模型设计

实验过程中主要的实验药品及材料有丙烯酰胺、交联剂 BIS、引发剂 KS 和引发剂 BP；实验用水为 $NaHCO_3$ 型模拟地层水，矿化度为 2286.5mg/L；实验用油为工业白油。应用的主要仪器为 DV-Ⅱ型旋转黏度计（美国 Brookfield 公司）；MCGS 压力动态监测系统（北京昆仑通态软件公司）；2PB00C 平流泵（北京卫星厂，量程范围 0.01~5.00 mL/min）。

实验方法如下：

（1）测定白油的黏温曲线，为评价结果提供基础数据。按照设计要求确定化学凝胶堵剂配方，配制调剖剂体系。

（2）分层抽真空，饱和油、水。油层抽真空后饱和白油，计量饱和油体积；水层抽真空后饱和模拟地层水，计量饱和水体积。分别计算油层和水层的孔隙度。

（3）将油层和水层模型按图 3-35（b）叠合，固封组合模型的两个端面，然后在水层左端和油层右端上部钻孔，然后将组合岩心模型放入岩心夹持器。连接管线进行底水驱替,计量油水产量,底水驱替至动态含水达到99%~100%后停泵。

(4) 取出岩心模型,固封油层上端的孔眼,重新钻开油层下端,组合岩心模型重新钻孔之后如图3-35(c)所示。从油层下端新钻的孔注入堵剂,模型另一端连接渗透率较低的岩心模拟油藏压力,注入量为20mL(注入孔隙体积倍数0.114PV)。

(5) 关井等待堵剂发生聚合反应之后形成凝胶。然后封堵油层右端下部的孔眼,重新打开油层右端上部的孔眼,组合岩心模型如图3-35(d)所示。将岩心装入夹持器,进行后续底水驱替,计量油水产量,驱至含水99%~100%后,处理数据并计算提高采收率值。

实验用油的黏温曲线如图3-36所示。可以看出,在同一温度下,随着剪切速率的增大,白油表观黏度在测试初期有小范围波动,这主要是因为测试初期转子不够稳定造成的,随着测试过程的进行,测试数据逐渐趋于稳定;不同温度下,白油表观黏度变化趋势基本一致;当温度升高到78℃、剪切率大于$20s^{-1}$时,模拟油表观黏度稳定在2.6~3.0mPa·s之间,符合实际油藏的流体特征,表明白油能够模拟实际油藏原油进行实验。

实验中,高渗透模型的渗透率为$630\times10^{-3}\mu m^2$,低渗透模型的渗透率为$9.5\times10^{-3}\mu m^2$,渗透率级差为66.32。组合模型总的孔隙体积为175.0mm³,孔隙度为28.8%,含油饱和度为68.57%。调剖封堵评价实验结果如图3-37所示。

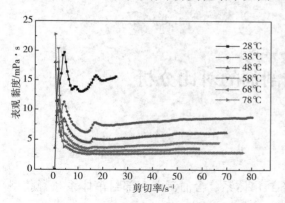 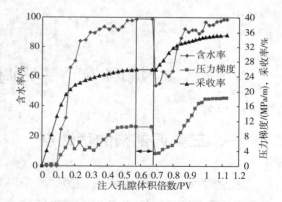

图3-36 不同温度和剪切率下模拟油的表观黏度　　图3-37 双层非均质底水油藏调堵后开采效果

从图3-37可以看出,水驱初期即注入孔隙体积倍数小于0.1PV时,压力梯度很低,动态采收率增长速度较快,动态含水率几乎为零,该阶段视为无水采油期。无水采油期结束后,动态含水率开始迅速增加,说明底水锥进并突破油水界面;动态采收率增幅明显减缓,水驱压力梯度开始增大并出现波动,当水驱至动态含水率超过99.0%后,水驱阶段结束。开始注入凝胶型调堵剂,注入堵剂的孔隙体积为0.114PV,注入堵剂结束后关井候凝。后续水驱阶段,动态含水率迅速下降,从99.0%降至53.85%,说明凝胶段塞压锥效果明显,底水突进速度减缓,原油采收率开始大幅上升,最终采收率提高9.5%,压力梯度缓慢升高最终趋于稳定。

实验结束后对实验岩心进行了分析,岩心照片如图3-38所示。由图可以看出,上层的油层颜色灰暗,说明油藏中含有一定量剩余油。油层岩心采出端2/3长度范围内出现模

图 3-38 实验后的双层非均质岩心模型

拟油绕流痕迹，说明压水锥的凝胶隔板形成，使后续注入发生绕流，扩大了波及体积。在水层的入口端近 1/3 长度范围内，岩心砂粒呈现白亮色，和右端形成凝胶的区域有明显差别。左端的固结程度增强，表明凝胶强度较大，压锥效果较好。通过实验分析认为，凝胶型封窜体系能够按照设计注入油藏，关井候凝一段时间之后，形成强封堵，使后续水驱扰流，扩大波及体积，提高采收率潜力大。

总结凝胶封堵实验认为，地下聚合凝胶体系因其良好的注入性和较强的封堵能力可以在低渗透油藏中应用。特别是针对二氧化碳气驱低渗透油藏，注入硅酸钠溶液复合丙烯酰胺体系，在注入的二氧化碳和地层条件发生共聚反应生成复合凝胶，有利于低渗透油藏调剖封窜。

第四节 三类调剖剂的对比分析

一、三类调剖剂的优缺点

通过室内实验评价了聚合物微球乳液深部封窜体系、含油污泥深部封窜体系和凝胶型调剖剂三种深部调剖封窜体系在低渗透油藏中的适应性。

聚合物微球乳液在非均质油藏中的调剖效果优于均质油藏中的调剖效果，通过调整注入浓度、注入量和注入段塞适应不同非均质程度的油藏。但是聚合物微球乳液存在问题是封堵强度较小，启动低渗透基质剩余油能力不足，有效作用期短。在低渗透油藏中的应用受到限制。

含油污泥调剖体系设计思路是变废为宝，利用油田废弃物作为调剖主剂，但是污泥悬浮稳定性差，不利于注入储层，添加了适量的分散剂和悬浮剂，有效改善了其分散悬浮特性，再添加成胶剂，制备凝胶型含油污泥调剖体系，防止污泥的二次采出，但是注入前黏度较大，在低渗透油藏中的注入能力较差，不利于在低渗透油藏中的广泛应用。

凝胶型调剖封窜剂是低黏度的调剖体系在油藏条件下发生共聚反应，生成强度较大的凝胶，封堵窜流通道，因其注入地层前表观黏度很低，注入性好，成胶之后凝胶强度大，封堵能力强，在低渗透油藏中应用潜力巨大。但是凝胶型调剖封窜剂的成胶时间不易控制，降低主剂用量和增强凝胶强度的矛盾难以解决，在二氧化碳气驱低渗透油藏中，二氧化碳气体的优势没有充分发挥。

二、三类调剖剂的主要作用机理

通过性能评价实验和物理模拟实验考察了聚合物微球乳液、含油污泥调剖体系和凝胶型调剖封窜体系在低渗透油藏中的适应性，实验结果表明：

聚合物微球吸水膨胀后，粒径从纳米级增大至亚微米级，膨胀后的微球能够在高渗透层的孔隙中形成孔喉匹配和架桥封堵，如果后续水驱突破微球封堵，微球可运移至下一个孔喉处继续产生封堵，能够实现封堵、运移、再封堵、再运移的多梯次封堵。其提高采收率能力受储层非均质性、聚合物微球乳液浓度、注入体积、段塞组合方式等因素影响而存在较大差别。但是，聚合物微球乳液的封堵能力较差，封堵有效期短，在低渗透油藏长期冲刷形成的大孔道中应用受到限制。

含油污泥不易分散悬浮。通过添加不同种类的分散剂和悬浮剂，可以有效提高含油污泥的分散悬浮能力，保证调剖体系的注入能力，以有机凝胶调剖剂配方为基础，配制含油污泥调剖体系，在油藏条件下成胶之后，可以将污泥颗粒封固在凝胶中，同时增大含油污泥调剖剂的封堵强度。物理模拟实验表明，含油污泥调剖体系在中高渗透油藏中能够有效封堵高渗透层带，提高原油采收率5.5%。但是，含油污泥调剖封窜体系表观黏度大，在低渗透油藏中注入性相对较差。

凝胶调剖封窜体系成胶之前黏度低，注入性好，进入油藏后在油藏高温高压环境下发生共聚反应，生成强度较高的黏弹性凝胶，能够有效封堵低渗透油藏中的窜流通道。复配无机凝胶体系之后，制备成无机-有机复合凝胶，能够在保证凝胶强度的前提下降低主剂AM的用量，在低渗透油藏调剖堵水过程中可以广泛应用。

第四章 地下聚合凝胶调剖剂关键技术

地下聚合凝胶体系因其良好的注入性和较强的封堵强度在低渗透油藏中应用潜力巨大，但该体系在应用过程中存在的主要问题是成胶时间难于控制，在某些特殊油藏中封堵强度不够。本章针对地下聚合凝胶调剖剂成胶时间的控制、复合凝胶制备和超临界二氧化碳对凝胶体系的影响展开研究。

第一节 成胶时间影响因素及控制方法

成胶时间的长短对调剖施工的安全有重要影响，成胶时间过短，体系容易在进入地层之前成胶，生成强度较大的凝胶，堵塞油管；若成胶时间过长，调剖体系在储层中被稀释，容易出现不成胶的情况。因此，为了保证施工安全有效，必须控制凝胶体系的成胶时间，成胶时间受引发剂种类及加量、溶液 pH 值、缓聚剂、水质等因素的影响较大，诸因素交互影响，难于控制。目前，在现场应用过程中凝胶体系的主要问题之一是成胶时间过短，因此延缓凝胶体系成胶时间，控制凝胶共聚反应的稳定进行成为研究的重点。

一、引发剂类型及含量对成胶时间的影响

地下聚合凝胶体系常用的引发剂主要包括两大类，即无机引发剂和有机引发剂。这两类引发剂对于温度和流体性质的适应性各不相同。

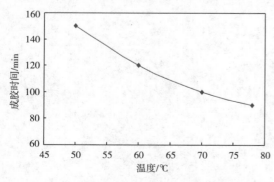

图 4-1 不同温度下 KS 的成胶时间

1. 无机引发剂

常用无机引发剂是 $K_2S_2O_8$（过硫酸钾）和 $(NH_4)_2S_2O_8$（过硫酸铵），这类过硫酸盐的分解产物 SO_4^- 既是离子，又是自由基，一般称为离子自由基或自由基离子。实验研究了 $K_2S_2O_8$ 在不同温度和不同含量时对成胶时间的影响规律。

首先分析了常规油藏温度范围内 $K_2S_2O_8$ 对成胶时间的影响，$K_2S_2O_8$ 含量固

定为0.1%（质量分数），实验结果如图4-1所示，可以看出在其他组分含量不变的情况下，凝胶体系的成胶时间随着温度升高而迅速加快，50℃时成胶时间最长为150min。

图4-2是温度固定为60℃时，不同含量的$K_2S_2O_8$对成胶时间的影响结果。

从图4-2可以看出，成胶时间随着$K_2S_2O_8$含量增加而迅速缩短，当$K_2S_2O_8$含量超过0.2%（质量分数）时，成胶时间稳定在80min左右，不再随$K_2S_2O_8$含量增加而变化。对比测定了50℃、60℃和70℃下，不同含量的$K_2S_2O_8$对凝胶体系成胶时间的影响规律，结果如图4-3所示。

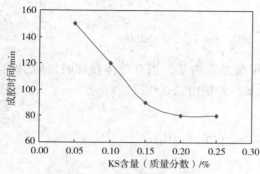

图4-2 不同含量KS的成胶时间

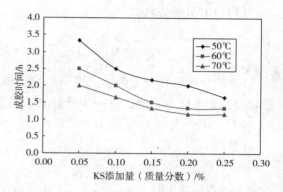

图4-3 不同温度、不同含量KS的成胶时间

从图4-3曲线可以看出，不同温度下，$K_2S_2O_8$含量对成胶时间的影响结果和图4-1一致，$K_2S_2O_8$含量越高，成胶时间越快；当$K_2S_2O_8$含量相同时，温度越高，成胶时间越快；成胶时间最长为50℃下3.5h。这种成胶时间很难满足现场的施工要求，调剖体系注入过程中容易出现在油管成胶的现象。所以，需要对$K_2S_2O_8$含量进一步优化调整，延长成胶时间，以保证现场施工顺利进行。为此，选定实验温度为75℃，采用降低$K_2S_2O_8$用量的方式，初步实现了延长成胶时间的目标。

通过预实验将引发剂$K_2S_2O_8$用量降低至0.001%~0.006%（质量分数）范围，引发剂含量不同时的成胶时间如图4-4所示。实验过程中，$K_2S_2O_8$的含量为0.001%（质量分数）时，体系一直没有成胶，可以确定引发剂$K_2S_2O_8$的最低添加量为0.002%（质量分数）。实验温度为75℃。

从图4-4中曲线可以看出，在低浓度范围内，成胶时间仍然随着引发剂含量增加而缩短，但是在这个范围内，成胶时间已经明显延长，说明引发剂的用量在调剖体系的成胶过程中非常重要，其最低用量应该保持在0.002%（质量分数）以上。但是，综合考虑杂质的影响、施工安全和

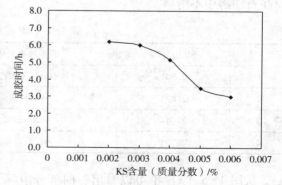

图4-4 低含量KS的成胶时间

凝胶强度等因素，确定引发剂KS的适宜用量为0.003%（质量分数）。

2. 有机引发剂

常用有机引发剂种类较多，主要是过氧化类有机物和偶氮类化合物。过氧化类有机物如特丁基过氧化氢、过氧化二酰、过氧化十二酰、过氧化脂类、过氧化特戊酸特丁酯、过氧化二碳酸二异丙酯等。偶氮类化合物如偶氮二异丁腈和偶氮二异庚腈等。其主要作用机理是高温条件下分解产生自由基。但是，不同种类引发剂分解温度不同，所以依据油藏条件选取引发剂种类是研究重点。凝胶实验中主要应用的是有机过氧化物引发剂 BP 和偶氮类引发剂 AIBN。

(1) BP 分解方程式。

$$\text{C}_6\text{H}_5\text{-CO-O-O-CO-C}_6\text{H}_5 \longrightarrow 2\,\text{C}_6\text{H}_5\text{-CO-O}\cdot \longrightarrow 2\,\text{C}_6\text{H}_5\cdot + 2\text{CO}_2$$

BP 的分解过程分为两步，第一步均裂成苯甲酸基自由基，当有单体存在时，即引发聚合；当无单体存在时，进一步分解成苯基自由基，并析出二氧化碳。

(2) AIBN 分解方程式。

$$(\text{CH}_3)_2\overset{\text{CN}}{\underset{|}{\text{C}}}\text{-N=N-}\overset{\text{CN}}{\underset{|}{\text{C}}}(\text{CH}_3)_2 \longrightarrow 2\,(\text{CH}_3)_2\overset{\text{CN}}{\underset{|}{\text{C}}}\cdot + \text{N}_2$$

这一过程为一级反应，只生成一种自由基，无诱导分解。

(1) 引发剂溶解性。

有机引发剂在水中溶解度低，甚至不溶，在配制体系过程中容易出现引发剂浓度局部过高的现象，导致体系局部迅速成胶，严重影响体系注入能力，不利于施工安全。为了提高引发剂在水中的溶解度，进行了引发剂在不同介质中的溶解性对比实验，设计的思路是将 BP 和 AIBN 在无水乙醇、丙酮、苯和石油醚四种有机溶剂中进行溶解，溶解之后，再向溶液中加水，观察并分析加水之后体系中 BP 和 AIBN 的溶解分散情况。

按照表 4-1 中溶剂种类及用量配制溶液，BP 溶于有机溶剂再添加定量水之后的现象如图 4-5 所示。观察发现，BP 在无水乙醇中可以部分溶解，在丙酮和苯中可以完全溶解，而在石油醚中不溶解。

表 4-1 BP 溶解实验设计

序号	BP 质量/g	溶剂种类及体积	溶解现象
1	2.301	60mL 无水乙醇	溶解了一半
2	2.033	40mL 丙酮	完全溶解，透明澄清
3	2.044	20mL 苯	完全溶解，灰白色
4	2.205	60mL 石油醚	不溶解

从图 4-5 (a) 中可以看出，向部分溶解了 BP 的乙醇中加水之后，大部分 BP 都沉降到了瓶底，分析认为乙醇和水是完全互溶的，BP 在乙醇中只能部分溶解，加水之后依然不能充分溶解，导致大部分 BP 沉降在瓶底；从图 4-5 (b) 中可以看出，向溶解

（a）引发剂BP在乙醇中的溶解现象　（b）引发剂BP在丙酮中的溶解现象　（c）引发剂BP在苯中的溶解现象　（d）引发剂BP在石油醚中的溶解现象

图4-5　BP在不同溶剂中的溶解现象

了BP的丙酮中加水之后，出现了明显的上下分层现象，主要是因为丙酮和水可以互溶，加水之后，丙酮中溶解的BP析出，析出的BP部分沉降到瓶底，部分漂浮在混合液表面，因此出现了上下分层现象；BP在苯中也可溶解，但是溶剂苯不溶于水，所以出现了上下分层现象；从图4-5（c）中可以看出，向溶解了BP的苯中加水之后，体系上下分层，上层为油相，下层为水相，BP溶解在油相中，说明加水之后对BP的苯溶液没有影响；从图4-5（d）中可以看出，向不溶解BP的石油醚中加水之后，BP依然不溶解，BP漂浮于水和石油醚的夹层中间，很难分散。对比加水之后BP在四种溶剂中的溶解现象，可以发现比较合适的溶剂是丙酮和苯，但是考虑到苯的毒性，选择丙酮为引发剂BP的溶剂。

将AIBN分别溶于四种有机溶剂中再添加定量的水，观察AIBN的溶解分散状况，按照表4-2中溶剂种类及用量配制溶液，观察引发剂AIBN在不同溶剂中的溶解特性。观察发现，AIBN在乙醇中可以部分溶解，在丙酮和苯中可以完全溶解，而在石油醚中不溶解。

（a）AIBN在乙醇中的溶解现象　（b）AIBN在丙酮中的溶解现象　（c）AIBN在苯中的溶解现象　（d）AIBN在石油醚中的溶解现象

图4-6　AIBN在不同溶剂中的溶解现象

表 4-2　AIBN 在不同溶剂中的溶解现象

序号	偶氮二异丁腈/g	溶剂	溶解现象
1	2.010	60mL 无水乙醇	溶解一半
2	2.002	20mL 丙酮	完全溶解，透明澄清
3	2.183	40mL 苯	完全溶解，有浑浊现象
4	2.016	60mL 石油醚	不溶解

从图 4-6（a）中可以看出，向部分溶解了 AIBN 的乙醇中加水之后，近一半的 AIBN 漂浮在体系的表面，还有一部分悬浮在体系中，分析认为乙醇和水是完全互溶的，AIBN 在乙醇中只能部分溶解，加水之后依然不能充分溶解，导致大部分 AIBN 漂浮与体系表面；从图 4-6（b）中可以看出，向溶解了 AIBN 的丙酮中加水之后，部分 AIBN 析出，悬浮于水和丙酮溶液的上部；从图 4-6（c）中可以看出，向溶解了 AIBN 的苯中加水之后，出现了明显的上下分层现象，AIBN 的苯溶液悬浮在水层上部；从图 4-6（d）中可以看出，由于 AIBN 在石油醚和水中都不溶解，而且 AIBN 中的水分被石油醚吸干，紧缩成块状很难分散。石油醚的密度小于水的密度，AIBN 成块状漂浮于水和石油醚的夹层中间。从加水之后的溶解现象来看，比较合适的溶剂是丙酮和苯，但是考虑到苯的毒性，选择丙酮为引发剂 AIBN 的溶剂。

综合以上分析可以看出，适合用于溶解 BP 和 AIBN 的有机溶剂为丙酮，溶解之后可加水进行稀释，然后用于配制凝胶型调剖堵水剂。

（2）引发剂 BP 的成胶时间。

实验测定了 50℃、60℃、70℃和 78℃下引发剂 BP 含量对成胶时间的影响。

①50℃下成胶反应分析。分别配制了 5 种 BP 浓度的溶液，在 50℃下静置超过了 72h，发现一直未成胶，认定该温度下 BP 不能引发反应形成凝胶。因为引发剂 BP 的分子引发分解能高（约 200kJ/mol），分解温度高，实验中温度（50℃）较低，不能提供足够的引发剂分解能，故不能成胶。

②60℃下成胶反应分析。分别配制了 8 种 BP 浓度的凝胶型调剖剂溶液，静置于 60℃烘箱中，确定成胶时间和引发剂用量之间的关系。结果见表 4-3。

表 4-3　60℃下不同 BP 添加量的成胶时间

序号	BP 用量/%	成胶时间/h
1	0.05	一直未成胶
2	0.10	未成胶
3	0.15	26
4	0.20	25
5	0.25	23.5
6	0.30	23.5
7	0.40	22
8	0.50	22

从表4-3中数据可以看出，在60℃下使用BP作为凝胶引发剂时，引发剂的最低添加量应该控制在0.15%（质量分数）。当引发剂添加量大于0.25%（质量分数）以后，引发剂的添加量对成胶时间影响较小。

从图4-7中曲线可以看出，BP引发剂的成胶时间比无机引发剂SK的引发时间长很多，随着引发剂添加量的增加，成胶时间逐渐缩短，但是在该温度下引发剂BP添加量低于0.15%（质量分数）时，体系不发生反应，没有生成凝胶，可依据油藏储层特征和现场施工工艺要求，选择引发剂的合理添加量。

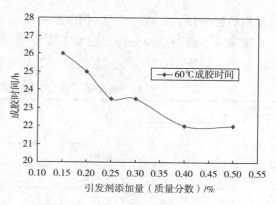

图4-7 60℃下引发剂BP的成胶时间

③70℃下成胶反应分析。分别配制了8种BP浓度的反应溶液，静置于70℃烘箱中，确定成胶时间和引发剂用量之间的关系。结果见表4-4。

表4-4 70℃下不同BP添加量的成胶时间

序号	BP用量/%	成胶时间/h
1	0.05	一直未成胶
2	0.10	未成胶
3	0.15	20
4	0.20	19
5	0.25	17.5
6	0.30	16
7	0.40	15
8	0.50	15

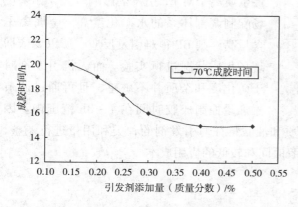

图4-8 70℃下引发剂BP的成胶时间

从表4-4中数据同样可以看出，随着引发剂BP的添加量的增加，成胶时间减小，当引发剂添加量大于0.30%（质量分数）以后，成胶时间随引发剂添加量增加而趋于平稳。

从图4-8中曲线可以看出，引发剂添加量在0.15%~0.50%（质量分数）范围内，成胶时间随着引发剂添加量增加明显呈缩短趋势，最后趋于平稳，对比60℃时的成胶时间，70℃时的成胶时间缩短，表明使用引发剂BP时，温度对引发剂的影响较大，这主要是由 BP 的分解能决定的。

④78℃下成胶反应分析。78℃下成胶反应分析结果见表 4-5。实验过程中放大了 BP 的添加量上限至 1.0%，考察在此温度下的最快反应时间。

表 4-5　78℃下不同 BP 添加量的成胶时间

序号	BP 用量/%	成胶时间/h
1	0.05	一直未成胶
2	0.10	17.0
3	0.15	16.0
4	0.20	12.0
5	0.25	10.5
6	0.30	9.0
7	0.40	7.5
8	0.50	7.0
9	1.00	5.5

从表 4-5 中数据可以看出，在 78℃下，引发剂添加量少于 0.1% 时，随着静置时间的延长一直没有成胶，所以引发剂 BP 用量的最低极限是 0.1%。引发剂 BP 的添加量低于 3.0%（质量分数），成胶时间仍然能够保持在 10h 以上，所以说能够满足中高温油藏调剖堵水的应用条件。在 0.1%~0.3%（质量分数）范围内，可依据油藏特征进行优化调整。

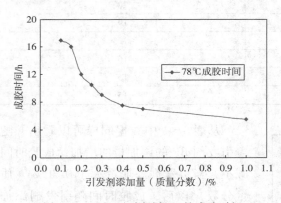

图 4-9　78℃下引发剂 BP 的成胶时间

从图 4-9 中曲线可以看出，即便是在 78℃高温下，引发剂 BP 可以控制成胶时间在 5~16h 范围内，能够满足现场施工需要。

同时在实验中发现，高矿化度和还原性金属离子对 BP 引发剂影响较大，如果现场配制调剖体系的水矿化度高、金属离子含量高，则 BP 很难引发反应，所以要依据现场水质状况进行实验。而无机引发剂对于矿化度和杂质并不敏感，且可通过调节添加量控制成胶时间在 4~8h 范围内。因此，现场应用过程中，可根据储层流体性质和油藏特征对引发剂的种类和用量进行调整，在保证安全施工的前提下，控制合理的成胶时间和较低的应用成本。

二、pH 值对成胶时间的影响

实验中采用的基础配方成胶时间为 3.0h。使用 1.0mol/L 的 HCl 和 1.0mol/L 的 NaOH

溶液调节 pH 值，测试了不同 pH 值时的成胶时间，结果见表 4-6。实验温度为 75℃。

表 4-6 pH 值对成胶时间的影响

序号	AM（质量分数）/%	N,N（质量分数）/%	引发剂（质量分数）/%	pH 值	成胶时间/h	延迟时间按/h
1	3.0	0.1	0.10	1.0	1.8	-1.2
2	3.0	0.1	0.10	3.0	2.0	-1.0
3	3.0	0.1	0.10	4.0	2.5	-0.5
4	3.0	0.1	0.10	5.5	2.8	-0.2
5	3.0	0.1	0.10	6.5	3.0	0
6	3.0	0.1	0.10	8.5	4.7	1.7
7	3.0	0.1	0.10	10.0	4.9	1.7
8	3.0	0.1	0.10	11.5	5.5	2.5
9	3.0	0.1	0.10	13.5	未成胶	

结合表 4-6 和图 4-10 可以看出，随着 pH 值增加，成胶时间延长，基础配方的成胶时间为 3.0h，当 pH 值低于 6.5 时，pH 值越小，成胶越快。说明酸性环境有利于地下聚合体系成胶，弱碱性环境有利于延缓成胶时间，在强碱性条件下，调剖体系很难成胶。现场用注入水一般为中性或者偏弱酸性，为了控制成胶时间，可采用 NaOH 溶液调节体系的 pH 值，通过此方法最大可延长成胶时间 2.5h。

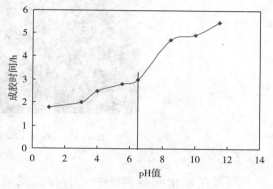

图 4-10 pH 值对成胶时间的影响规律

三、缓聚剂对成胶时间的影响

实验考察了缓聚剂吩噻嗪对于成胶时间的影响，实验采用有机引发剂，反应温度为 75℃。结果见表 4-7。如图 4-11 所示吩噻嗪是一种杂硫氮蒽，在地下聚合凝胶体系中可以有效降低引发剂的诱导期，延缓成胶时间。

表 4-7 吩噻嗪对成胶时间的影响

序号	AM（质量分数）/%	N,N（质量分数）/%	引发剂（质量分数）/%	吩噻嗪加量（质量分数）/%	成胶时间/h	延迟成胶时间/h
1	3.0	0.1	0.10	0.05	6.0	3.0
2	3.0	0.1	0.10	0.10	5.5	2.5
3	3.0	0.1	0.10	0.15	5.2	2.2
4	3.0	0.1	0.10	0.20	5.2	2.2

从表4-7中数据可以看出，加入不同量的吩噻嗪可以有效延长成胶时间，随着吩噻嗪添加量的增加，延迟成胶时间缩短，实验中发现，加入更多量的吩噻嗪会降低共聚产物的聚合度，不利于凝胶生成，在实验范围内，确定吩噻嗪的添加量为0.05%（质量分数）。此时，可有效延长成胶时间3.0h。

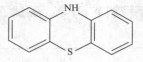

图4-11 吩噻嗪

四、水质对成胶时间的影响

采用美国Perkin-Elmer生产的ICP-OES电感耦合等离子体原子发射光谱仪（Perkin Elmer Optima 5300DV）（图4-12）对取自油田现场的水样进行全元素分析。分析结果如表4-8所示。

图4-12 Optima 5300DV电感耦合等离子体-原子发射光谱仪

现场地层水中除硅离子外，其他金属离子成分复杂，主要含有大量钠（Na）、钾（K）、镁（Mg）、硅（Si）、钙（Ca）和少量的硼（B）、锂（Li）、锡（Sn）、硫（S）。此外，还有微量的锰（Mn）。分析结果见表4-8，总矿化度为2442.28mg/L。

表4-8 现场地层水中离子含量

离子类型	含量/（mg/L）	离子类型	含量/（mg/L）
Na^+	780.55	Li^+	10.34
K^+	830.63	Si^{4+}	2.52
Mg^{2+}	16.48	Sn^{2+}	0.38
Ca^{2+}	20.58	S^{2-}	0.23

确定了现场用地层水的矿化度之后，通过预实验测定了高矿化度水中凝胶调剖剂的成胶时间，结果见表4-9。

从表4-9中数据可以看出，使用自来水配制凝胶体系时，成胶时间很快，引发剂浓度为0.005%（质量分数）时，成胶时间最长为4.0h。采用90000mg/L地层水配制凝胶体系后，成胶时间延长，但是在引发剂浓度较高的情况下，成胶时间只延长了0.5h，而在引发剂浓度为0.005%（质量分数）时，成胶时间为8.0h，延长了4.0h。

表4-9 地层水与自来水成胶时间对比

序号	主体系	引发剂浓度	成胶时间/h	
			自来水	90000mg/L地层水
1	3.0% AM + 0.1% NN	0.05SK	2.0	2.5
2	3.0% AM + 0.1% NN	0.03SK	2.0	2.5
3	3.0% AM + 0.1% NN	0.01SK	2.0	2.5
4	3.0% AM + 0.1% NN	0.005SK	4.0	8.0

从图4-13可以看出，随着矿化度增加，成胶时间逐渐延长，矿化度低于20000mg/L时，成胶时间受地层水矿化度的影响很大。现场应用的地层水矿化度为2442.28mg/L，在这种地层水条件下，凝胶体系的成胶时间比蒸馏水体系的成胶时间延长了2h。因此，针对不同油藏中流体的矿化度，可以根据注入流体矿化度的大小调整配方，控制成胶时间。

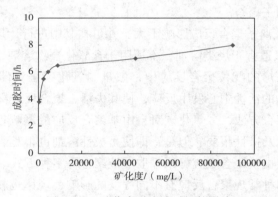

图4-13 矿化度对成胶时间的影响

第二节 复合凝胶制备与强度评价

实验发现有机凝胶的强度受主剂丙烯酰胺含量的影响较大，随着丙烯酰胺浓度增加，凝胶强度增大，但是当丙烯酰胺浓度超过3.0%以后，凝胶强度增幅较小。而在低渗透油藏中封堵裂缝等高渗透层带启动基质剩余油时，要求凝胶体系的材料强度较大，封堵能力强。另外，增大丙烯酰胺浓度会大幅增加调剖剂成本。从增强凝胶强度和降低调剖剂成本角度出发，在低浓度的丙烯酰胺体系中添加无机凝胶，制备无机-有机复合凝胶，可以有效增大凝胶强度。针对二氧化碳气驱低渗透油藏，在模拟注气条件下制备超临界二氧化碳复合凝胶，可有效降低丙烯酰胺浓度，且可满足封堵强度要求。

一、超临界二氧化碳中的聚合反应

研究二氧化碳对聚合反应的影响,首先要探讨二氧化碳和聚合反应有关的物理化学性质,二氧化碳的临界温度(T_c)为31.1℃,临界压力(P_c)为7.38MPa,临界密度ρ为0.448g/cm^3。这些临界特征表明,二氧化碳容易实现超临界状态,而超临界二氧化碳的介电常数为1.2~1.5,是一种溶解能力很强的非极性溶剂,对许多化合物有较强的溶解能力,并和一些小分子气体完全互溶,二氧化碳对小分子的溶解性与烃类溶剂相似。二氧化碳是一种弱的Lewis酸,并具有很强的四极矩,可以溶解一些极性分子,并通过Lewis酸-碱式的相互作用影响聚合物链上的给电子功能基团。另一方面,二氧化碳是一种可以聚合的单体,在适当的催化作用下,可以和其他化合物,特别是环氧化合物共聚而形成高聚物。按照常规聚合反应规律,二氧化碳对负离子聚合、正离子聚合和配位聚合有以下影响:

(1) 负离子聚合时,微量二氧化碳会与碳负离子(活性中心)作用而烦扰破坏聚合反应,甚至能终止负离子聚合。

(2) 二氧化碳对正离子聚合反应影响不大,并可在其中进行计量聚合。

(3) 配位聚合也只适宜于烃类溶剂,不适用于含氧化合物溶剂,二氧化碳的影响与负离子聚合相似。如在乙烯的配位聚合反应中,微量二氧化碳是对催化活性中心有害的物质,它能与主催化剂钛的活性中心发生反应,使其失活,聚合反应终止。

相对于上述三种聚合方法,二氧化碳对自由基聚合反应的影响很小。其原因是:二氧化碳不与自由基反应以及极性很弱。但是,即使是极性溶剂也很难影响到自由基聚合反应的活性中心,因此,自由基聚合反应可以采取溶液聚合等多种方式。

虽然二氧化碳对四种常规聚合反应有不同程度的影响,规律也较为清晰,但是在超临界条件下,二氧化碳作为一种新的反应介质,对各种反应产生不同于常规条件下的影响。研究结果表明,在超临界二氧化碳条件下,四种聚合反应的确表现出与常规反应完全不同的规律性。

在超临界二氧化碳条件下,由于负离子会攻击弱酸性的二氧化碳,使反应活性中心消失,终止聚合反应,但是Francois等在超临界二氧化碳中,用异丙醇铝、异丙醇钇和异丙醇镧等作为催化剂,以环状硅氧烷和己内酯作为单体,进行了聚合反应,并认为己内脂在异丙醇铝催化下的反应为负离子聚合反应,他们认为,只要选择合适的催化剂,使活性中心负离子化程度不要太高,以减慢和二氧化碳的反应,就可以实现负离子聚合;正离子反应速率快,大多可以在0℃进行,以减少副反应,二氧化碳的临界温度较高(31.1℃),在一定程度上限制了超临界二氧化碳在正离子聚合方面的应用;相对于离子聚合,配位聚合反应的温度较高,因此更能够发挥超临界二氧化碳的优势,所得聚合物分子量也较高;超临界二氧化碳对自由基聚合影响依然很小,这是由于大部分自由基聚合的单体或聚合物在超临界二氧化碳中的溶解性很差。

二、无机凝胶配方优化

1. 硅酸钠凝胶机理

硅酸钠溶液在高温高压二氧化碳中反应的基本原理是强酸制取弱酸的复分解反应,析出碳酸钠和游离硅酸,即:

$$Na_2O \cdot mSiO_2 \cdot nH_2O + CO_2 = m'Si(HO)_4 \cdot n'H_2O + Na_2CO_3$$

部分游离硅酸重新溶解在硅酸钠溶液中,使后者模数提高,即:

$$Na_2O \cdot mSiO_2 \cdot n'H_2O + m'SiO_2 = Na_2O \cdot (m+m')SiO_2 \cdot n'H_2O$$

无机硅酸凝胶体系中含有单硅酸、二硅酸、三硅酸、四硅酸、环四硅酸、环六硅酸、立方八硅酸等低聚合度的硅酸,以及立方八硅酸的缩聚产物(高聚硅酸)。

2. 无机凝胶配方优化过程

在常温常压环境下配制不同浓度的硅酸钠(有效含量40%,模数2.8)溶液。定量量取置于高温高压反应容器中,连接管线通入纯度为99.99%的二氧化碳气体,在不同温度下反应不同时间,分离并称量反应所得无机凝胶质量,分析影响反应的因素,优化反应条件。反应过程使用的不同浓度硅酸钠溶液的性能参数见表4-10和图4-14。

表4-10 不同浓度硅酸钠溶液参数

序号	硅酸钠质量浓度/%	物质的量浓度/(mol/L)	溶液pH值	溶液表观黏度/mPa·s
1	2.0	0.223	12.5	1.10
2	3.0	0.334	12.8	1.20
3	4.0	0.447	13.0	1.30
4	5.0	0.557	13.5	1.70
5	6.0	0.669	14.0	2.53

从表4-10中数据可以看出,5种浓度的硅酸钠溶液的表观黏度较低,略大于水的表观黏度(1 mPa·s),溶液表观黏度随着硅酸钠浓度的增加而增大,当硅酸钠质量浓度超过4%,溶液表观黏度增幅变大;溶液的pH值随着硅酸钠浓度增加而逐渐增大,说明溶液碱性增强。分析认为,较低的表观黏度有利于体系注入油藏深部,但是过高的pH值会对施工管柱和操作安全产生不利影响,因此,综合考虑体系的黏度特征和施工安全性,初步确定硅酸钠溶液的浓度为4.0%。

表4-11和表4-12给出了四因素四水平正交实验设计过程和实验结果。图4-15是四种影响因素的变化趋势。

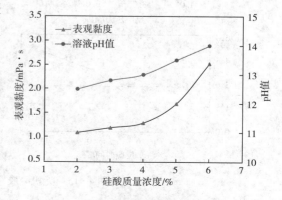

图4-14 硅酸钠溶液的理化特性

表4-11 $L_{16}(4^4)$ 正交实验结果

序号	二氧化碳分压/MPa	反应温度/℃	反应时间/h	硅酸钠质量浓度/%	沉淀量/g
1	1	25	2	3	0.033
2	1	32	6	4	0.444
3	1	50	10	5	0.672
4	1	70	14	6	0.954
5	3	25	6	5	1.452
6	3	32	2	6	1.259
7	3	50	14	3	0.463
8	3	70	10	4	2.248
9	7	25	10	6	4.171
10	7	32	14	5	7.549
11	7	50	2	4	0.432
12	7	70	6	3	2.484
13	9	25	14	4	10.996
14	9	32	10	3	8.465
15	9	50	6	6	2.744
16	9	70	2	5	0.600

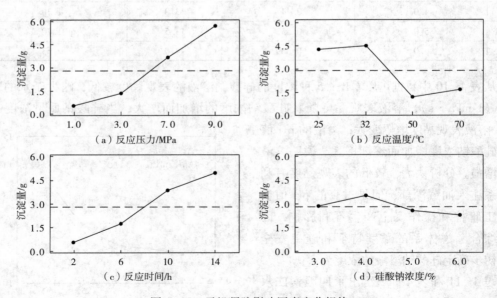

图4-15 无机凝胶影响因素变化规律

表4-12　正交实验方差分析

水平	反应压力/MPa	反应温度/℃	反应时间/h	硅酸钠浓度/%
1	0.5258	4.1630	0.5810	2.8613
2	1.3555	4.4293	1.7810	3.5300
3	3.6590	1.0778	3.8890	2.5683
4	5.7013	1.5715	4.9905	2.2820
平均极差	5.1755	3.3515	4.4095	1.2480
排序	1	3	2	4

结合图4-15、表4-11和表4-12的结果可以看出，影响硅酸钠无机凝胶生成量的主控因素排序是反应压力（P）、反应时间（t）、反应温度（T）和硅酸钠浓度（c）。最佳的反应条件是 $A_4B_2C_4D_2$，即反应压力控制在9.0MPa，反应温度控制在32.0℃，反应时间控制在14.0h，硅酸钠浓度为4.0%。

二氧化碳驱替过程中，超临界二氧化碳在溶液中的扩散系数远大于标准状态下的扩散系数，升高注入压力、延长注入时间，有利于复合凝胶生成，增大复合凝胶的强度，保证封窜效果；反应温度为油藏的实际温度，油藏温度过高则不利于复合凝胶生成，但是随着注入封窜剂体系液量的增加，近井地带温度场发生变化，封窜剂体系的注入降低了近井地带储层温度，对复合凝胶的生成有一定促进作用；硅酸钠溶液的使用浓度可以依据储层流体特征在4.0%左右进行调整。在硅酸钠溶液中复配丙烯酰胺体系，通入高压二氧化碳气体，升高反应温度，制备超临界二氧化碳复合凝胶。

三、超临界二氧化碳复合凝胶制备

在充分认识到了超临界二氧化碳对聚合反应的影响规律之后，结合超临界二氧化碳与硅酸钠溶液的反应规律，在此基础上，考虑到既要增强凝胶强度，又要降低配方中主剂AM的用量，因此，在超临界二氧化碳条件下制备无机-有机-复合凝胶，实验共设计了5个配方，见表4-13。主要研究了主剂用量和反应时间对成胶效果的影响规律，反应在50℃烘箱中进行，反应的二氧化碳压力控制在9.0MPa，目的是保证反应在超临界二氧化碳条件下进行。

表4-13　复合凝胶配方及反应时间设计

序号	配方组成	反应时间/h
配方一	4% AM + 0.1% BIS + 4% Na_2SiO_3 + 0.1%引发剂	8
配方二	4% AM + 0.1% BIS + 4% Na_2SiO_3 + 0.1%引发剂	14
配方三	2% AM + 0.1% BIS + 4% Na_2SiO_3 + 0.1%引发剂	8
配方四	2% AM + 0.1% BIS + 4% Na_2SiO_3 + 0.1%引发剂	14
配方五	3% AM + 0.1% BIS + 4% Na_2SiO_3 + 0.1%引发剂	14

配方设计依据是不同的主剂用量对成胶强度及效果有什么影响,而反应时间的设计是依据无机凝胶无确定的最优时间设计的,同时也考虑了不同反应时间对成胶强度和效果的影响。

1. 配方一的反应过程及结果

按照配方 4% AM + 0.1% BIS + 4% Na_2SiO_3 + 0.1% 引发剂配制溶液体系,配制好之后将溶液装入密封反应容器中,放置于烘箱中升温,确保溶液和二氧化碳均达到50℃之后,连接管线通入二氧化碳,并连接压力测试系统,确保二氧化碳压力达到9MPa,在确定二氧化碳处于超临界状态之后,打开阀门,向反应罐中通入超临界二氧化碳,实时监测反应压力的变化规律,反应设计时间为8h。反应过程中,压力一直保持缓慢上升,反应的最后阶段,压力保持稳定,最大压力值为9.2MPa,稳定值为8.9MPa,实验结束后的成胶形貌如图4-16和图4-17所示。

图4-16 成胶反应结束后实验现象

图4-17 配方一的凝胶照片

从图4-16和图4-17可以看出,反应之后完全成胶,但是凝胶中含有大量气泡,凝胶强度适中,但是容易破碎。

2. 配方二的反应过程及结果

按照配方 4% AM + 0.1% BIS + 4% Na_2SiO_3 + 0.1% 引发剂配制溶液体系,配制好之后将溶液装入密封反应容器中,放置于烘箱中升温,确保溶液和二氧化碳均达到50℃之后,连接管线通入二氧化碳,并连接压力测试系统,确保二氧化碳压力达到9MPa,在确定二氧化碳处于超临界状态之后,打开阀门,向反应罐中通入超临界二氧化碳,实时监测反应压力的变化规律,反应设计时间为14h。反应过程中压力缓慢增大,增幅很小,后趋于稳定,最高反应压力9244.7kPa,稳定压力值9105.6kPa,实验结束后的成胶形貌如图4-18和图4-19所示。

图4-18 成胶反应结束后实验现象

图4-19 配方二的凝胶照片

从图4-18和图4-19可以看出，反应之后完全成胶，反应所得产物为松散的固体颗粒，分析认为有机体单体含量较高，有机单体和硅酸钠在超临界二氧化碳下长时间反应，形成的胶体固结，所得胶体缺乏黏弹性。

3. 配方三的反应过程及结果

按照配方2% AM + 0.1% BIS + 4% Na_2SiO_3 + 0.1% 引发剂配制溶液体系，配制好之后将溶液装入密封反应容器中，放置于烘箱中升温，确保溶液和二氧化碳均达到50℃之后，连接管线通入二氧化碳，并连接压力测试系统，确保二氧化碳压力达到9MPa，在确定二氧化碳处于超临界状态之后，打开阀门，向反应罐中通入超临界二氧化碳，实时监测反应压力的变化规律，反应设计时间为8h。反应过程中压力缓慢增大，增幅很小，后趋于稳定，稳定压力为9.0124MPa。实验结束后的成胶形貌如图4-20和图4-21所示。

图4-20 成胶反应结束后实验现象

从图4-20和图4-21可以看出，反应之后成胶并不充分，反应所得产物黏性较好，表面胶黏性大但强度不高。分析认为主剂 AM 浓度低、反应时间短导致反应不充分。

图 4-21　配方三的凝胶照片

4. 配方四的反应过程及结果

按照配方 2%AM + 0.1%BIS + 4%Na_2SiO_3 + 0.1%引发剂配制溶液体系，配制好之后将溶液装入密封反应容器中，放置于烘箱中升温，确保溶液和二氧化碳均达到 50℃之后，连接管线通入二氧化碳，并连接压力测试系统，确保二氧化碳压力达到 9MPa，在确定二氧化碳处于超临界状态之后，打开阀门，向反应罐中通入超临界二氧化碳，实时监测反应压力的变化规律，反应设计时间为 14h。反应过程中压力缓慢增大，增幅很小，后趋于稳定，稳定压力为 9.032MPa。实验结束后的成胶形貌如图 4-22 和图 4-23 所示。

图 4-22　成胶反应结束后实验现象

图 4-23　配方四的凝胶照片

从图 4-22 和图 4-23 可以看出，成胶效果比较理想，反应之后成果冻状有弹性的胶体，强度较大。分析认为反应时间充足的情况下，无机凝胶颗粒穿插于有机高分子网络中，增强了复合凝胶强度。

5. 配方五的反应过程及结果

按照配方 3% AM + 0.1% BIS + 4% Na_2SiO_3 + 0.1% 引发剂配制溶液体系，配制好之后将溶液装入密封反应容器中，放置于烘箱中升温，确保溶液和二氧化碳均达到50℃之后，连接管线通入二氧化碳，并连接压力测试系统，确保二氧化碳压力达到9MPa，在确定二氧化碳处于超临界状态之后，打开阀门，向反应罐中通入超临界二氧化碳，实时监测反应压力的变化规律，反应设计时间为14h。反应过程中压力缓慢增大，增幅很小，后趋于稳定，稳定压力为9.011MPa。实验结束后的成胶形貌如图4-24和图4-25所示。

图4-24 成胶反应结束后实验现象

图4-25 配方五的凝胶照片

从图4-24和图4-25可以看出，五号配方体系在超临界二氧化碳中制备的复合凝胶黏弹性和强度明显增加，相比于四号配方体系凝胶状态更好，成胶效果非常理想，成柱状胶体，强度大于四号配方凝胶。

四、凝胶强度评价结果

通过本书第二章建立的凝胶强度评价方法测试了不同配方体系和不同成胶条件下的凝胶的强度。首先测试了有机凝胶（AM为4%，不加硅酸钠）的强度和常压下含有硅酸钠的复合凝胶（AM为4%，硅酸钠为4%）的强度。结果如图4-26和图4-27所示。

从图4-26可以看出，常规有机凝胶强度测试的突破压力为238.024kPa，强度较大。对比第二章中的测试结果，表明了在第二章中设计的凝胶强度快速测试装置和所建立的测试方法误差小，测试过程的可重复性强。

从图 4-27 可以看出，含有硅酸钠的复合凝胶突破压力为 365.437kPa，其凝胶强度比常规有机凝胶明显增大，说明添加硅酸钠之后，可以形成无机-有机复合凝胶，有效增加了凝胶强度。

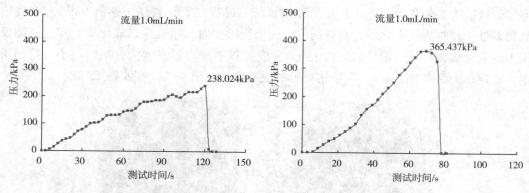

图 4-26　有机凝胶凝胶强度　　　　图 4-27　复合凝胶强度测试结果

接着测试了上一小节中在超临界二氧化碳条件下制备的五种复合凝胶样品的凝胶强度，五种超临界二氧化碳条件下复合凝胶样品的强度测试结果如图 4-28~图 4-32 所示。

从图 4-28 可以看出，一号配方凝胶的突破压力为 385.557kPa，强度比常压条件下制备的复合凝胶的强度还大，在一定程度上说明，超临界二氧化碳环境有利于聚合反应的进行，提高了有机凝胶的聚合度，同时也使有机凝胶和无机凝胶产生复合，相互支撑，增强了凝胶强度。

从图 4-29 可以看出，二号配方凝胶的突破压力为 395.862kPa，强度比一号复合凝胶的强度还要高，虽然一号配方和二号配方完全相同，但是二号凝胶的反应时间比一号配方多了 6h，这也是二号凝胶强度比一号凝胶强度大的主要原因，说明充足的反应时间，更有利于有机凝胶和无机凝胶的复合，这一点和无机凝胶最优的反应条件相符合。

从图 4-30 可以看出，三号配方凝胶的突破压力为 322.483kPa，强度明显比一号和二号复合凝胶的强度小，主要原因是配方中主剂 AM 的用量明显减少，加之反应时间较短，导致成胶效果并不理想，因此三号凝胶的强度比较低。

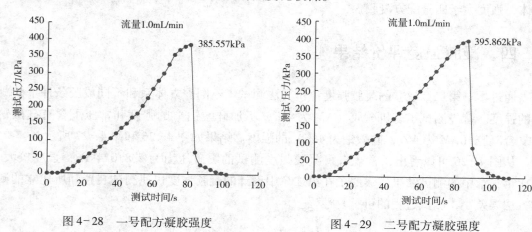

图 4-28　一号配方凝胶强度　　　　图 4-29　二号配方凝胶强度

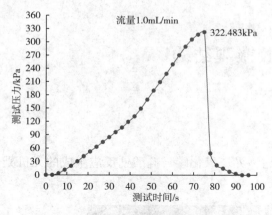

图4-30 三号配方凝胶强度

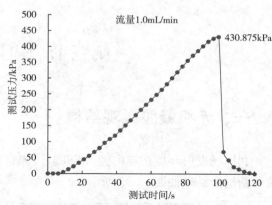

图4-31 四号配方凝胶强度

从图4-31可以看出，四号配方凝胶的突破压力为430.875kPa，强度要比一号和二号凝胶还高，和二号配方相比，四号配方的主剂AM用量减少了，而复合凝胶强度反而变大了，说明复合凝胶制备过程中，主剂AM的用量和硅酸钠用量有一个合理配比，二者并不是越多越好，AM的主要作用是发生聚合反应生成长链烃类物质，而无机凝胶形成的微小颗粒可以嵌入柔韧的长链分子中，加强长链分子的强度，但是，二者比例

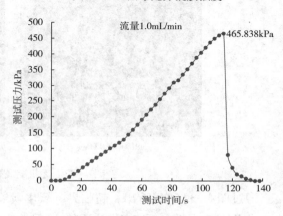

图4-32 五号配方凝胶强度

太高，形成的凝胶反而缺乏黏弹性，更趋近于刚性，测试过程中，趋于刚性材料性质的凝胶反而不容易在孔喉模拟器中形成稳固的封堵，因此二号配方的样品测试的突破压力比四号低。

从图4-32可以看出，五号配方凝胶的突破压力为465.838kPa，强度是五个样品中最大的一个，说明五号配方中无机凝胶和有机凝胶的配比最合适，由于超临界二氧化碳条件下有较强的溶解及扩散能力，增大了有机单体的接触概率，使聚合反应充分发生，而无机凝胶颗粒嵌入有机长分子链中，作为支撑骨架，有力地保证了复合凝胶形成网络状结构，增强了复合凝胶的强度。

综上所述，在超临界二氧化碳条件下，有利于有机单体充分接触，发生聚合反应。同时，无机凝胶颗粒可以嵌入有机高分子链中间，形成支撑骨架，增加复合凝胶的强度。但是，并不是有机单体含量越高越好，有机单体含量和硅酸钠含量存在一个最佳比例，可以根据油藏储层物性特征和现场应用需求，适时调整复合凝胶配方，以适应油藏深部调剖的要求。

第三节　凝胶微观结构

一、无机凝胶微观结构

利用场发射环境扫描电镜（ESEM）观察超临界二氧化碳与硅酸钠反应生成的无机凝胶的结构。结果如图4-33所示。

(a) 80Pa×1.0mm　　　　　　　　　(b) 80Pa×50mm

图4-33　无机凝胶颗粒扫描电镜图

通过图4-33可以看出，超临界二氧化碳条件下生成的无机硅酸凝胶颗粒是形状各异、大小参差不齐、层次不齐的不规则微小颗粒，颗粒壁面多呈现鳞层状。颗粒粒径为纳米级，正是超临界二氧化碳的特殊物性环境，使得硅酸钠和二氧化碳发生反应之后生成了这种微小颗粒，这种微小颗粒为有机-无机复合凝胶的生产提供了必要条件。

二、常压凝胶微观结构

利用高分辨率环境扫描电镜观察不同体系配方和不同反应条件下凝胶的微观结构，分析了超临界二氧化碳条件下复合凝胶的成胶机理和聚合度增加机理，依据凝胶微观结构变化规律优化复合凝胶配方。

1. 常压有机凝胶的微观结构

常压条件下，采用4.0% AM+0.1% BIS+0.1%引发剂的体系配方生成有机凝胶，反应温度为50℃，反应时间600min。图4-34是不同放大倍数下有机凝胶的微观结构。

从图4-34（a）中看出，常压下制备的单纯有机凝胶结构均一稳定，整体光滑；从图4-34（b）中看出，这种凝胶是长链分子相互缠绕形成的絮状黏弹体，高分子链交联网络结构存在孔隙空间，使絮状黏弹体中出现孔洞。

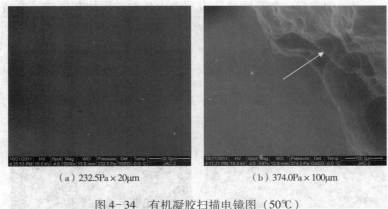

图 4-34 有机凝胶扫描电镜图（50℃）

2. 常压复合凝胶的微观结构

复合凝胶的配方为：4.0% AM + 0.1% BIS + 0.1% 引发剂 + 4.0% Na_2SiO_3，反应温度为50℃。常压条件下复合凝胶的微观结构如图 4-35 所示。

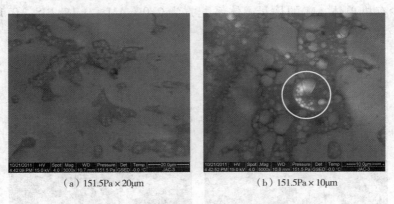

图 4-35 常压复合凝胶扫描电镜图

从图 4-35（a）中看出，常压复合凝胶结构不均一，无机凝胶颗粒随机分散在有机凝胶网络结构中，极不均匀；从图 4-35（b）中看出，无机颗粒分布差异较大，部分固体颗粒凝结成了块状。这种复合凝胶结构不稳定，形状松散，强度较差。不利于在油藏高渗层和裂缝中长久有效地封堵窜流通道。

三、超临界二氧化碳复合凝胶微观结构

（1）超临界二氧化碳条件下（在二氧化碳压力为 9~10MPa，温度为50℃）生成的复合凝胶的微观结构如图 4-36 所示。体系配方为：4.0% AM + 0.1% BIS + 0.1% 引发剂 + 4.0% Na_2SiO_3。

从图 4-36 看出，超临界二氧化碳条件下反应生成的复合凝胶均匀稳定，无机颗粒相对均匀地分布在有机凝胶内部，作为高分子网络结构的支撑体，有效增加了凝胶强度，对

比图4-35可以看出，超临界二氧化碳环境有利于丙烯酰胺单体和硅酸钠溶液的扩散互溶，促进了无机凝胶反应和有机聚合反应的协同效应，增加了复合凝胶的强度。

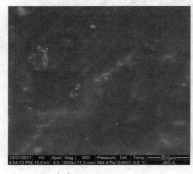 

(a) 394.4Pa×20μm　　　　　　(b) 394.4Pa×10μm

图4-36　超临界二氧化碳条件下生成的复合凝胶扫描电镜图

(2) 超临界二氧化碳条件下（在二氧化碳压力为9~10MPa，温度为50℃），调整体系配方，减少有机单体AM的用量。体系配方为2.0% AM + 0.1% BIS + 0.1% 引发剂 + 4.0% Na_2SiO_3 生成复合凝胶的微观结构如图4-37所示。

 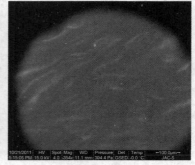

(a) 374.0Pa×20μm　　　　　　(b) 394.4Pa×100μm

图4-37　超临界二氧化碳条件下低浓度AM复合凝胶扫描电镜图

从图4-37中看出，降低体系配方中有机单体AM的浓度，复合凝胶结构变化不大，无机颗粒分布更加均匀，形成了稳定的有机-无机复合体，上一节中超临界二氧化碳凝胶强度的测试结果也表明，降低主剂AM的用量，凝胶强度不但不会降低，反而还会增加。因此，结合凝胶强度测试结果并考虑应用成本，依据油藏物性条件差异，可以将有机单体AM的用量控制在2.0%~3.0%范围内。

实验发现二氧化碳分压在9.0~10.0MPa时，AM的聚合度明显提高。分析认为，超临界二氧化碳黏度比硅酸钠溶液黏度低，笼式效应小，提高了引发剂的分解效率。同时，超临界二氧化碳扩散系数大，扩散能力强，能够有效增加溶液中各组分的扩散能力，促使引发剂均匀分散在有机单体和硅酸钠形成的溶液体系中，提高了引发剂、单体、交联剂和无机凝胶颗粒的接触概率。

另外，由于二氧化碳的扩散及其溶解于水中形成弱酸的特性，使得二氧化碳与硅酸钠的反应速度低于（或远低于）其他液体酸甚至弱酸的反应速度，即硅酸钠溶液的pH值能够较均匀地降低，这有助于形成粒径分布相对集中的纳米级凝胶颗粒结构。另外，由于AM的聚合与硅酸钠凝胶的形成可能是一个同时发生的过程，从而形成了硅酸钠凝胶与高分子凝胶互相穿插的网络结构，最终形成性质均一稳定，强度和黏弹性较好的无机-有机复合封窜剂。

第四节 地下聚合凝胶调剖剂特征

一、成胶机理及主控因素

向有机凝胶体系中添加硅酸钠溶液制备无机-有机复合凝胶可有效增加凝胶强度，降低主剂AM的用量。

通过正交实验方法确定了无机凝胶制备的适宜反应条件和反应物浓度为反应压力9.0MPa，反应温度32.0℃，反应时间14.0h，硅酸钠浓度为4.0%。

在此基础上，添加以丙烯酰胺为主剂的有机凝胶体系，在超临界二氧化碳条件下制备出无机-有机复合凝胶。利用本书第二章中建立的凝胶强度评价方法测试凝胶强度，发现复合凝胶强度明显增强，通过扫描电镜观察凝胶强度增强机理为超临界二氧化碳扩散系数大，溶解于水中能够有效增加各组分的分散系数，提高了引发剂、单体、交联剂和无机凝胶颗粒的接触概率；再者，二氧化碳溶解于水中的弱酸性环境有利于无机凝胶的生成，最终形成了无机凝胶颗粒穿插于有机高分子网络中的骨架网络结构，增强了复合凝胶强度。

通过实验分析了影响地下聚合凝胶调剖剂成胶时间的主要因素：引发剂种类及加量、pH值、缓聚剂和水质。结果表明：

（1）无机引发剂SK对反应温度最敏感，温度越高成胶越快，在实验范围内，50℃时的成胶时间最长为3.5h；SK加量越大成胶越快，成胶时间过快则难以满足现场施工需求，在确保能够引发反应的前提下，降低SK的用量，成胶时间可延长至8.0h。有机引发剂BP的成胶时间最长可达26h，但是BP容易受温度、矿化度和水质的影响而失效，在应用过程中要依据现场水质和油藏特征进行有效用量的再确定。

（2）pH值对成胶时间的影响是pH值越大成胶越慢，pH值最大不能超过13，升高pH值最大可延长成胶时间150min。

（3）缓聚剂吩噻嗪的应用可延缓引发剂诱导期，延长成胶时间3.0h。

（4）矿化度越大，成胶时间越长，现场一般应用高矿化度的地层水配制调剖剂，这种情况有利于延缓成胶时间，增大地下聚合凝胶的成胶时间控制范围。

综上所述，凝胶成胶时间的四个影响因素具有交互作用，强碱性和高矿化度不利于缓聚剂发挥缓聚作用。综合考虑以上四个主控因素，成胶时间在 4~30h 范围内有效可控。

二、复合凝胶体系的注入能力评价

将本章第三节中优选出的复合凝胶配方命名为 SC-3 复合凝胶体系。SC-3 复合凝胶以二氧化碳作为助剂，在地层中发生反应，生成对水窜通道具有较强封堵能力的黏弹性无机-有机复合凝胶。SC-3 复合凝胶在低渗透油藏中的注入性取决于未成胶的 SC-3 溶液的性质，对水窜通道的封堵能力取决于在地层环境下形成的 SC-3 复合凝胶的强度和黏弹性。在室内实验研究中，描述凝胶体系注入性能的主要指标是凝胶溶液的黏度和阻力系数。

1. SC-3 溶液的黏度

凝胶的表观黏度用 HAAKE RS600 型流变仪测定。测得的 SC-3 溶液表观黏度为 $1.0 mPa \cdot s$（$10s^{-1}$），与水的黏度基本相当，结果如图 4-38 所示。

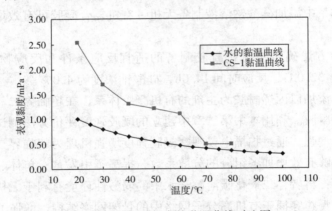

图 4-38 SC-3 与水的黏温曲线对比图

从图 4-38 中的曲线可以看出，SC-3 体系的黏温曲线与水的黏温曲线的变化规律相似，温度升高，体系黏度降低，相同温度下，SC-3 体系的黏度略大于水的黏度，表明 SC-3 体系具有和水近似的注入能力。

2. SC-3 复合凝胶的阻力系数

阻力系数一般用 F_R 表示，是指水通过岩心时的流度与凝胶体系溶液通过岩心时的流度之比，计算式如下：

$$F_R = \frac{(K/\mu)_w}{(K/\mu)_g} \tag{4-1}$$

在相同尺寸岩心，相同流量的条件下，根据达西公式：

$$K = \frac{q\mu L}{A\Delta p} \tag{4-2}$$

式中　K——渗透率，μm^2；

　　　q——流体流量，cm^3；

μ——流体黏度，mPa·s；

A、L——填砂管横截面积、长度，cm^2、cm；

Δp——测点的压差，atm。

由此可得，阻力系数 $F_R = \Delta p_g / \Delta p_w$，$\Delta p_w$ 为岩心的水测渗透率时的压力，Δp_g 为注入凝胶体系溶液时的稳定压力。阻力系数 F_R 越大，复合凝胶调剖剂的封堵性越好。

通过室内岩心实验评价了SC-3的阻力系数。实验选用岩心的孔隙体积为9.9mL，水测渗透率为14.86μm^2。在70℃下，按照

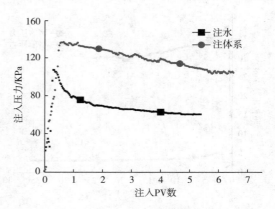

图4-39 CS-1与水注入压力对比

实验方案饱和岩心，并进行水驱，再以连续注入方式注入复合凝胶体系溶液约7PV，观察复合凝胶体系溶液的注入能力，测量岩心的注入压力随注入体系溶液PV数的变化情况，实验结果如图4-39所示。

岩心实验结果表明，凝胶体系溶液并没有体现出理想的注入特性，即与水的注入能力相近。由图可以看出：随着复合凝胶体系溶液的持续注入，岩心的注入压力逐渐升高，当达到最高压力后，压力基本在一固定范围内变化。但是，相对于水而言，凝胶体系的注入能力比较差，注入压力是注水压力的1.5倍左右（SC-3溶液和水的稳定注入压力在几十千帕量级）。经过分析认为，在人造岩心中的钙、镁离子含量太高，在凝胶注入过程中钙、镁离子率先与凝胶溶液中的水玻璃发生反应，生成沉淀物，改变了岩心的渗透率，因此提高了注入压力。但是，后来压力逐渐趋于稳定，因此可以认为体系能满足现场注入的施工要求。

三、SC-3复合凝胶对水窜通道的封堵能力

1. SC-3复合凝胶对水窜通道的封堵强度

图4-40为SC-3复合凝胶封堵前后岩心注水压力的比较。由图可见，SC-3复合凝胶在岩心中具有很高的突破压力梯度。通过实验可以看出，体系具有很高的突破压力梯度。如果将其折算到实际油藏中的井距，对于如何抑制水窜具有很重要的借鉴意义。

以渗透率（200~300）$\times 10^{-3} \mu m^2$ 的岩心模拟油藏中的窜流通道，实验用岩心参数见表4-14。

表4-14 SC-3复合凝胶在封堵性能实验中岩心物性参数

岩心编号	直径/cm	长度/cm	孔隙度/%	水测渗透率/μm^2
1#	2.5	10.42	21.6242	0.212
2#	2.54	9.43	21.0056	0.343

低渗透油藏提高采收率方法

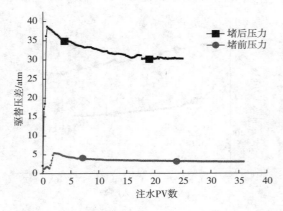

图 4-40 SC-3 溶液与二氧化碳在高压下反应封堵岩心前后注水压力

向岩心中注入 SC-3 溶液，待其成胶后反向注水冲刷。由图 4-41 可见，当 1# 岩心反向注水冲刷至 2PV 时，岩心压力急剧上升至 5.5MPa，在此之前几乎没有流体流出，即其渗透率为 0。这表明 SC-3 复合凝胶对于窜流通道具有很高的封堵强度。继续反向注水冲刷，当封堵段塞被破坏之后，才会形成部分新的渗流通道，封堵段塞的突破压力为 5.5MPa。根据实验结果，SC-3 在 1# 岩心中的封堵强度为 0.53MPa/cm，即在岩心中 1cm 长的 SC-3 凝胶段塞可承受 0.53MPa 的压差。在由岩心中水突破 SC-3 复合凝胶段塞后，反向注水压力急剧下降至 4MPa 左右，然后保持稳定。反向注水至 7PV 左右，注水压力缓慢降低。显然，即便 SC-3 复合凝胶段塞被突破，注水压力仍保持在较高的水平，仍然有很强封堵能力。

向 2# 岩心注 SC-3 溶液，待其成胶后反向注水冲刷。由图 4-42 可见，当 2# 岩心反向注水冲刷至 2PV 时，岩心压力急剧上升至 6MPa 而没有水形产出，表明堵剂有良好的封堵性能。继续反向注水冲刷，压力突破 6MPa 后迅速降低，反向冲刷 5PV 后压差稳定在 2MPa，仍然有很强封堵能力。

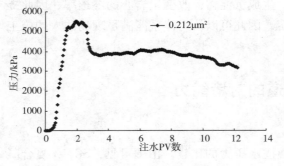

图 4-41 1# 岩心 SC-3 复合凝胶堵剂成胶后反向注水压差

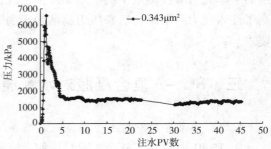

图 4-42 2# 岩心 SC-3 复合凝胶堵剂成胶后反向注水压差

2. SC-3 复合凝胶对水窜通道的封堵稳定性

在反向冲刷过程中，记录其压力、流量值，可计算出 1# 岩心堵后渗透率（图 4-43）。由图 4-43 可见，注入堵剂成胶后的 1# 岩心渗透率由堵前的 $212 \times 10^{-3} \mu m^2$ 下降到 $0.3 \times 10^{-3} \mu m^2$。反向注水冲刷，4PV 后渗透率上升到 $0.45 \times 10^{-3} \mu m^2$，继续反向注水冲刷至 16PV，岩心渗透率一直稳定在 $0.5 \times 10^{-3} \mu m^2$ 左右，说明 SC-3 复合凝胶堵剂成胶后稳定性能非常好。

由图 4-44 可见，注入堵剂成胶后的 2# 岩心渗透率由堵前的 $343 \times 10^{-3} \mu m^2$ 下降到

$0.2\times10^{-3}\mu m^2$。反向注水冲刷 5PV 后渗透率上升到 $1\times10^{-3}\mu m^2$，继续反向注水冲刷至 20PV，岩心渗透率一直稳定在 $1\times10^{-3}\mu m^2$ 左右不变，说明 SC-3 复合凝胶堵剂成胶后稳定性能非常好。

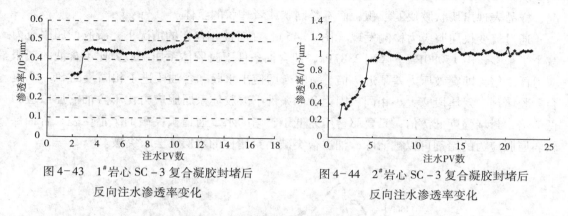

图 4-43 1#岩心 SC-3 复合凝胶封堵后反向注水渗透率变化

图 4-44 2#岩心 SC-3 复合凝胶封堵后反向注水渗透率变化

四、SC-3 复合凝胶深部调剖能力评价

1. SC-3 复合凝胶窜流通道的封堵效果

表 4-15 为 SC-3 复合凝胶对孔隙型窜流通道的封堵效果实验结果。从实验结果可以发现，AM 单体的质量浓度以及反应压力对于封堵效果具有很重要的影响，并且丙烯酰胺的浓度越大，反应压力越高，封堵强度越强。当单体浓度为 2.0% 时，封堵效率表现出无规律性，因此可以推断此堵剂在此浓度下的凝胶性能的稳定性有待提高。当单体浓度达到 2.5% 以后，体系的封堵效率可以达到 95% 以上，表现出良好的封堵强度和稳定性。另外，随着体系反应压力的增大，凝胶的封堵效果愈发增强，因此可以推断高压的存在对于凝胶体系的性能存在着正面的影响，从而可以证实，在地层压力条件下有利于生成材料强度和封堵强度很高的 SC-3 复合凝胶。由表 4-15 所示的实验结果可见，在注入压力为 6MPa 条件下，SC-3 复合凝胶对水窜通道的封堵效率都能到达到 99%。

表 4-15 岩心封窜实验结果

岩心	单体浓度（质量分数）/%	压力/MPa	堵前水测 K_0/$10^{-3}\mu m^2$	堵后水测 K_1/$10^{-3}\mu m^2$	封堵效率	残余阻力系数
FH1-1	2.5	4	53.97	2.41	0.96	22.38
FH1-3	2.5	4	34.42	0.83	0.98	41.40
FH1-5	2.0	4	19.23	7.23	0.62	2.66
FH1-6	2.0	4	18.95	1.32	0.93	14.37
FH1-7	2.0	4	161.27	36.12	0.78	4.47
FH1-9	2.5	6	50.38	0.02	0.99	2279.09
FH1-10	2.5	6	34.10	0.02	0.99	1461.73
FH1-10	2.5	6	34.10	0.02	0.99	2162.55

2. SC-3复合凝胶的选择性封堵特性

另外,通过实验发现,油相的存在与否对于SC-3复合凝胶的成胶情况有很大的影响。从凝胶形状可以看出,在油相的存在下,凝胶体系的韧性明显不如无油相存在的情况,样品表现出块状胶块的堆积,而不是网状或者片状的整体。

通过流变仪屈服应力检测发现(图4-45),在有油相存在的情况下,凝胶的屈服应力减小了很多,由17080Pa下降到2387Pa。即含油条件下凝胶体系屈服应力比不含油的屈服应力低7倍,即突破压力差了近7倍。意味着即使出水段和含油段进了相同量的SC-3复合凝胶堵剂,封堵段塞大小相同,因为含油条件下凝胶体系屈服应力比不含油的屈服应力低7倍,封堵强度低7倍,只要驱替压差低于封堵的水窜通道被突破的7倍压差,含油层较弱屈服应力的堵剂可以被清除,油层被突破而封堵住的水层不会被突破。

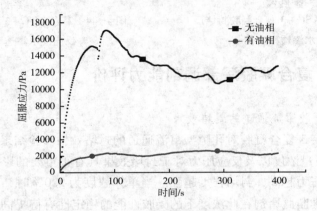

图4-45 SC-3复合凝胶对成胶反应条件的选择性

利用SC-3复合凝胶堵剂对含油及不含油反应条件的选择性,还有油藏出水通道非均质性、储层流体黏度造成的堵剂注入选择性,那么最终进入含油层的SC-3复合凝胶堵剂量会非常少,最终堵剂对含水段和含油段的封堵能力会差上百倍。

因此,可以认为此体系具有优良的油水选择性,即具有堵水不堵油的优良特性,对于实际油藏中深部调剖、提高采收率具有很重要的价值。

第五章 低渗透油藏深部调剖封窜现场实验

第一节 实验井区地质概况及开发现状

一、实验井区地质概况

1. Z57-P35 井区

Z57-P35 井区的井位分布如图 5-1 所示。综合考虑水平井与注水井的连通性和水井的注入能力，油藏深部液流方向调整矿场实验选择 Z54-36 和 Z56-34 两口水井注入深部调剖体系。

Z56-34 井于 2009 年 11 月 7 日开始深调施工，至当年 11 月 20 日施工结束。Z54-36 井于 2009 年 11 月 26 日开始深调施工，至当年 12 月 18 日施工结束。

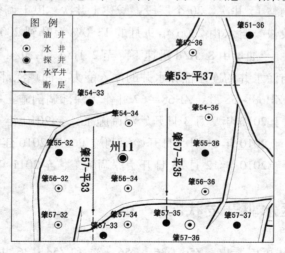

图 5-1 Z57-P35 井区井位图

2. ZH66-P61 井区

ZH66-P61 井区的井位分布如图 5-2 所示，于 2003 年 9 月投入开发，含油面积 0.72km², 地质储量 19.09×10^4t。共有油水井 8 口（采油井 3 口、注水井 5 口），其中水平井 1 口。截至 2008 年 4 月，累计产油 1.68×10^4t，采出程度 8.8%，综合含水 81.7%，

累计注水 $10.31 \times 10^4 m^3$,累计注采比 2.36。

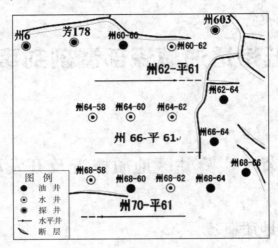

图 5-2 ZH66-P61 井区井位图

ZH66-P61 井于 2003 年 8 月射孔完井投产,水平段长度 685m,钻遇含油砂岩长度 482.5m,含油砂岩钻遇率 86.94%,初期日产液 28.4t,日产油 24.4t,含水 14.0%。截至 2008 年 4 月,该井日产液 8.5t,日产油为 1.5t,含水率为 82.5%,动液面 1062m,沉没度 197m,阶段累计产油 $0.97 \times 10^4 t$,采出程度 11.8%。

针对 ZH66-P61 井含水上升快、产量递减较快的矛盾,先后开展了注水调整、酸化等调整工作,共注水调整 15 井次、20 个层段,酸化 1 井次。以上调整虽取得了一定效果,但水平井含水上升仍较快。含水由 2006 年 9 月的 13.0% 上升到 2006 年 12 月的 75.3%、2008 年 4 月的 87.2%,产油量由 8.5t/d 迅速下降至 2.1t/d、1.5t/d。

综合考虑水平井与注水井的连通性和水井的注入能力,油藏深部液流方向调整矿场实验选择 ZH64-58 井、ZH68-58 井、ZH68-62 井作为深部调剖施工井。

(1) ZH68-62 井于 2010 年 9 月 3 日开始深调施工,至 2010 年 10 月 8 日施工结束。
(2) ZH68-58 井于 2010 年 11 月 5 日开始深调施工,至 2010 年 11 月 15 日施工结束。
(3) ZH64-58 井于 2010 年 12 月 23 日开始深调施工,至 2011 年 1 月 12 日施工结束。

二、实验井区水驱开发状况

从图 5-3 生产曲线可以看出,Z56-36、Z56-34 和 Z54-36 井在 2005 年 10 月恢复注水后,Z57-P35 井含水率呈明显上升趋势。Z57-P35 井产液量及产油量一直处于下降的趋势。2005 年 11 月,Z57-P35 井含水率由 2005 年 10 月的 43.0% 上升至 72.0%,日产液量 8.3~8.7t,日产油由 3.6t 下降到 2.4t。

吸水剖面和调试资料统计结果表明,截至 2005 年 11 月,Z56-36、Z56-34 和 Z54-36 井注入孔隙体积倍数分别为 0.21PV、0.10PV 和 0.19PV;从与水平井连通条件较好的层来看，Z56-36 井 PI3 层注入孔隙体积倍数为 0.55PV，Z56-34 井 PI2$_1$、PI3 层注入孔隙体积倍数分别为 0.15PV、0.07PV，Z54-36 井 PI2$_1$ 层注入孔隙体积倍数为 0.19PV。Z56-36 井 PI3 层注入孔隙体积倍数较高，且平面上与水平井连通较好。综合分析认为，Z56-36 井 PI3 层吸水量大是导致 Z57-P35 井 2005 年 11 月含水率快速上升的主要原因。

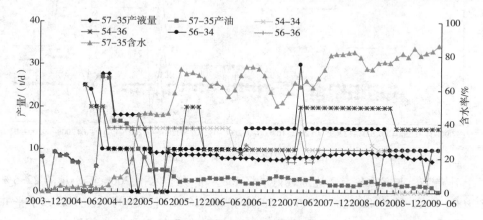

图 5-3　Z57-P35 井生产曲线

Z57-P35 井在 2007 年 9～12 月的含水率呈现逐步上升趋势，2007 年 12 月含水率上升至 80.7%。根据 2006 年 12 月的 Z57-P35 井水质化验结果（矿化度为 8602mg/L，Cl$^-$ 含量为 3899mg/L），表明 Z57-P35 井确实见到了注入水。

从井区水井与水平井连通条件较好的层注入孔隙体积倍数看，2007 年 12 月 Z54-36 井 PI2$_1$ 层、Z56-34 井 PI2$_1$、PI3 层和 Z56-36 井 PI3 层注入孔隙体积倍数分别为 0.66PV、0.69PV、0.25PV 和 0.88PV。从沉积相带图看，Z56-34 井 PI2$_1$、Z56-36 井 PI3 层平面上与 Z57-P35 井连通较好。综合分析认为，Z56-36 井 PI3 层、Z56-34 井 PI2$_1$ 层注水是 Z57-P35 井 2007 年 9～12 月含水率进一步上升的主要原因。

总体来看，Z56-36 井、Z56-34 井注水是 Z57-P35 井含水率上升的主要原因。其中，Z56-36 井注水对水平井含水上升影响相对较大。

从图 5-4 生产曲线可以看出，ZH66-P61 井初期产能一般，且经过 8 个月的生产（2003-9～2004-5），产量由初期的 13t/d 下降到最低点 6.1t/d，下降幅度为 53.1%；之后产液量呈阶梯状波动，2005 年 9 月产液量开始明显增大（10t/d），截至 2006 年 9 月，产油量开始大幅度下降，产液量也开始下降，含水率大幅度上升。2008 年 7 月产油降到最低点后又开始缓慢上升，而含水则处于下降的趋势。

结合测试资料和吸水剖面资料分析水井与水平井连通较好的层注入孔隙体积倍数，截至 2006 年 12 月，ZH68-58 井 PI4$_1$ 层注入孔隙体积倍数为 0.66PV；ZH68-62 井 PI2$_2$、PI4$_1$ 层注入孔隙体积倍数分别为 0.88PV、0.39PV；ZH64-58 井 PI4$_1$ 层注入孔隙体积倍数为 0.95PV；ZH64-60 井 PI4$_1$ 层、ZH64-62 井 PI2$_2$、PI4$_1$ 层注入孔隙体积倍数分别为 0.76PV、0.76PV 和 0.28PV。

从生产曲线看，ZH68-62 井于 2006 年 8 月恢复注水后，ZH66-P61 日产液量没有出

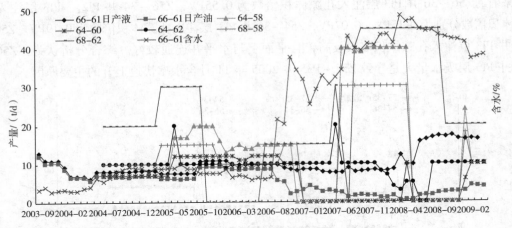

图 5-4 ZH66-P61 井生产曲线

现明显上升趋势，与 ZH68-62 连通较好的 ZH68-60 井含水由 2006 年 8 月的 22.5% 持续上升到 2006 年 12 月的 46.7%。ZH64-58 井于 2007 年 1 月开始间歇注水后，水平井含水率呈现明显下降趋势；ZH64-60 和 ZH68-58 井于 2007 年 2 月开始间歇注水后，水平井含水率下降幅度增大，2007 年 3 月含水率下降至 50.8%。2007 年 4~7 月，水平井含水率呈持续上升趋势，2007 年 7 月含水上升至 64.6%。

从水井与 ZH66-P61 连通条件较好的层注入孔隙体积倍数看，截至 2007 年 9 月，ZH68-62 井 $PI2_2$、$PI4_1$ 层注入孔隙体积倍数分别为 1.06PV 和 0.46PV；ZH68-58 井 $PI4_1$ 层注入孔隙体积倍数为 0.99PV；ZH64-58 井 $PI4_1$ 层注入孔隙体积倍数为 1.13PV；ZH64-62 井 $PI2_2$、$PI4_1$ 层注入孔隙体积倍数分别为 0.97PV 和 0.35PV。

三、实验井区潜力分析

由图 5-5 经线性回归，可得出第二直线段的斜率 $b_1 = 3.1623$，截距 $a_1 = -2.8331$。设极限水油比为 49，得最大产水量为 $W_{pmax} = 6.7282 \times 10^4 t$，最大可采储量为 $N_{pmax} = 2.3850 \times 10^4 t$。已知 2009 年 5 月累计产油量为 $0.8968 \times 10^4 t$，所以剩余可采储量为 $1.4882 \times 10^4 t$（表 5-1）。

表 5-1 ZH66-P61、Z57-P35 井剩余可采储量预测

井号	截至日期	预测最大可采储量/$10^4 t$	预测剩余可采储量/$10^4 t$	累计产油量/$10^4 t$
ZH66-P61	2008 年 10 月	2.2794	1.2844	0.995
	2009 年 6 月	1.9006	0.8428	1.0578
Z57-P35	2008 年 10 月	2.8516	1.9774	0.8742
	2009 年 6 月	2.3850	1.4882	0.8968

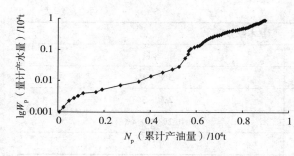
图5-5　Z57-P35井甲型水驱特征曲线

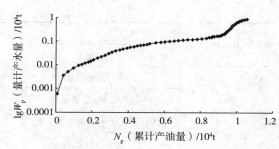
图5-6　ZH66-P61井甲型水驱特征曲线

由图5-6经线性回归，可得出第二直线段的斜率$b_1 = 3.9684$，截距$a_1 = -4.2614$。设极限水油比为49，得最大产水量为$W_{p\max} = 5.3615 \times 10^4 t$，得最大可采储量为$N_{p\max} = 1.9006 \times 10^4 t$。已知2009年5月累计产油量为$1.0578 \times 10^4 t$，所以剩余可采储量为$0.8428 \times 10^4 t$。

第二节　实验井区深部调剖方案及效果分析

一、实验井区深部调剖施工方案设计

调堵剂的基本配方如下：

针对目标井区油藏的实际条件，在大量实验的基础上，筛选主剂、优化配方，确定了调堵剂SC-1、SC-2、SC-3的基本配方。三种配方是依据油藏特征调节了主剂浓度，其强度依次增强。基本配方（应根据具体的油藏条件进行适当调节）见表5-2。

表5-2　调堵剂基本配方

调堵剂	基本配方	
	组分	含量
SC-1	硅酸钠	30%~50%
	交联-控制剂JK-1	2%~5%
	二氧化碳	段塞
SC-2	丙烯酰胺	2%~3%
	CUP-1增强剂	3%~5%
	EDTA	0.05%
	引发-交联剂YJ-1	0.1%~0.2%
	二氧化碳	段塞

续表

调堵剂	基本配方	
	组分	含量
SC-3	丙烯酰胺	3%~4%
	CUP-2 增强剂	2%~3%
	引发-交联剂 YJ-2	0.2%~0.4%
	二氧化碳	段塞

二、油藏深部调剖段塞组合

1. 调堵剂段塞组合的必要性

在油藏中不同位置处，调堵剂承受的驱动压力梯度不同，对调堵剂段塞的封堵强度要求不同，合理地设计出不同封堵强度的段塞组合，有利于高效地发挥强弱不同的段塞对整体封堵效果的贡献率。

沿注入井至油藏深部，按照由弱至强的顺序设计段塞组合，可增大封窜调剖剂的注入半径，提高其在油藏中的有效作用距离。

在压力梯度较低处，使用封堵强度适当低的段塞，有利于降低成本。

2. 各段塞的基本功能

（1）试注段塞。

对于低渗透油藏，调堵剂的注入能力是保证施工安全和效果的关键。在长期注水过程中，各注水井生产历史和采取的调整措施不同，加之油层的平面非均质性复杂，导致各注入井的实际注入能力差异很大。因此，在注入调堵剂段塞之前，确定注入井的实际注入能力是非常有必要的。

本书中提出在低（特低）渗透油藏深部调剖施工中，首先注入适量的水作为试注段塞。在试注段塞（清水）注入过程中，改变注入速度，记录相应的注入压力，绘制流量-注入压力关系曲线。依据实际注入曲线，判断调堵剂在该井的注入性，确定调堵剂各段塞合理的注入速度。另外，注入的清水还可以起到清洗井底和改善注入性的作用。

（2）二氧化碳段塞。

调堵剂中的二氧化碳段塞具有如下作用：

①在 SC-1、SC-2 和 SC-3 封窜调剖体系中，二氧化碳是成胶反应的组分之一，二氧化碳与水作用所造成的弱酸性环境是该体系调剖剂发生成胶反应的必要条件。

②二氧化碳增强对水窜通道的封堵选择性。由于二氧化碳具有很好的流动选择性，以段塞方式注入的二氧化碳大部分进入水窜通道，后续的 SC-2 段塞和 SC-3 段塞即使有少部分进入高含油饱和度区域，由于进入该区域的二氧化碳较少，而且其中的大部分溶于原油中，SC-2 和 SC-3 溶液的成胶反应不完全；而在已形成的、需要封堵的水流通道中二

氧化碳含量相对较高，可以增强SC-2段塞和SC-3段塞对水窜通道封堵的选择性。

③二氧化碳改善低（特低）渗透油层的注入性。注入二氧化碳段塞与水混合生成碳酸，对注入井附近油层的污染具有一定的酸化解堵作用。另外，二氧化碳对黏土有一定的抑制膨胀效应。因此，注入的二氧化碳段塞还可以起到改善调堵剂在低渗透油层中注入性的作用。

(3) SC-1段塞。

SC-1无机凝胶的材料强度比SC-2低，但在压力梯度较小的油藏深部可以有效地封堵水窜通道，其封堵效率约为90%。与近井油层相比，在油藏深部封堵水窜通道、启动高含油饱和度区域中原油的临界压力梯度相对较低，对调堵剂性能的要求可以适当降低。因此，可将SC-1作为第一个调堵剂段塞推进到油藏深部。

(4) SC-3段塞。

SC-3复合凝胶对窜流通道具有很强的封堵强度，而在压力梯度较小的油藏深部封堵水窜通道并不一定需要这样很高的封堵强度。因此，将SC-3和SC-2复合凝胶段塞设置在SC-1段塞之后，对距离注入井较近、压力梯度较大的水窜通道进行高强度的封堵。

另外，考虑到从油藏深部到注入井对调堵剂封堵强度的要求是逐渐增加的，所以在SC-3段塞之前设置一个封堵强度介于SC-1和SC-3的SC-2复合凝胶段塞，在油层深部至注入井的区域内形成其封堵强度由弱至强的阶梯式段塞组合。

为防止注入井附近油层被封堵，影响注水，在SC-3段塞之后设置由SC-2溶液和水构成的阶梯式顶替段塞。

三、注入量设计

SC-3对油藏中窜流通道封堵强度很高，其化学剂成本相对较高。综合考虑封窜效果和成本，采用封堵强度相对较弱、价格相对较低的SC-1和SC-2调堵剂段塞组合。

调堵剂的用量可依据式（5-1）设计：

$$Q = 0.0087\beta\theta R^2 h\phi \tag{5-1}$$

式中 β——窜流方向系数；

θ——窜流突破角，(°)；

R——封堵半径，m；

h——强吸水层厚度，m；

ϕ——窜流通道的孔隙度。

式（5-1）中各参数的取值原则如下：

(1) 窜流方向系数（β）。取值为注水井与对应油井发生窜流的方向数目。根据生产动态和示踪剂资料综合分析，取Z56-34井$\beta=2$、Z54-36井$\beta=2.5$、ZH64-58井$\beta=2$、ZH68-58井$\beta=2$、ZH68-62井$\beta=2.5$。

(2) 窜流突破角（θ）。在注水井严重窜流的方向上，窜流通道的水平面积一般很小，即其窜流突破角很小，一般可取 5°～15°（根据实际窜流情况进行调整）。取 Z56-34 井 $\theta = 10$、Z54-36 井 $\theta = 10$、ZH64-58 井 $\theta = 15$、ZH68-58 井 $\theta = 12$、ZH68-62 井 $\theta = 8$。

(3) 封堵半径（R）。按井距的 1/4～1/2 设计，在此取 $R = 80 \sim 100 \mathrm{m}$。

(4) 强吸水层厚度（h）。Z56-34 井 $h = 0.9\mathrm{m}$；Z54-36 井 $h = 0.9\mathrm{m}$；ZH64-58 井 $h = 0.4\mathrm{m}$；ZH68-58 井 $h = 0.9\mathrm{m}$；ZH68-62 井 $h = 1.7\mathrm{m}$。

(5) 窜流通道的孔隙度（ϕ）。油层中窜流通道的局部孔隙度一般较高（计算中取 0.4）。

各井主段塞 1 至顶替段塞的总注入量 Q 估算结果为：Z56-34 井 $Q = 626\mathrm{m}^3$、Z54-36 井 $Q = 780\mathrm{m}^3$、ZH64-58 井 $Q = 418\mathrm{m}^3$、ZH68-58 井 $Q = 564\mathrm{m}^3$、ZH68-62 井 $Q = 1183\mathrm{m}^3$。

根据油水井间驱替流体的窜流方向、窜流强度以及水井的注入能力，上述估算值还应作适当的调整，而且特别注意的是，在现场施工中必须根据实际注入压力动态进行适时调整。

第三节　实验井区深部调剖效果分析

一、注入二氧化碳段塞改善油层的注入性

图 5-7 为注入二氧化碳段塞前后注清水段塞的注入动态。由图 5-7 可见，在现场施工过程中，注入二氧化碳段塞后，在相同注水速度下，实验井的注入压力有所下降。这是由于二氧化碳与水生成的碳酸，可以起到解除近井油层污染的作用，注入二氧化碳段塞后油层的注入能力得到一定程度的改善。

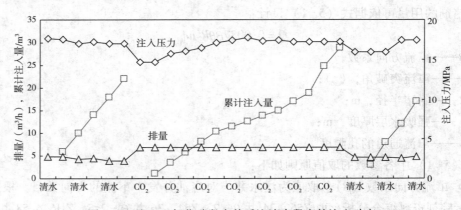

图 5-7　注入二氧化碳段塞前后注清水段塞的注入动态

二、调剖后注水压力变化规律

在与调剖前注入量相同的条件下,大部分注入井深部调剖施工后注水压力有不同程度的上升,如图5-8所示。

虽然在深部调剖施工后,注水压力的增大并不能与调剖效果完全对应,但注水压力有限增大,能够说明注入的调堵段塞在该井控制(至少在水井附近)的油层中已反应成胶,对原水窜通道形成了有效的封堵。

如图5-8所示,深部调剖施工前后对比,5口注入井中,有4口井(ZH68-58井、ZH68-62井、Z54-36井、Z56-34井)的注水压力有较大增幅。这说明调剖施工后,调剖剂在油藏中发生成胶反应,生成强度较高的凝胶堵剂封堵了水流优势通道,使后续注入水发生绕流,注入压力升高,产生了较好的封堵效果。ZH64-58井深部调剖后注水压力与调剖前相比没有明显的变化。

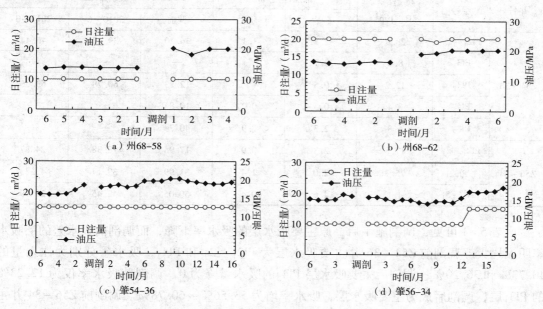

图5-8 调剖井注入动态

深部调剖施工后的注水压力并不能作为判断深部调剖施工是否有效的依据,对此可以从基本原理来分析,并从大量矿场实验的实例来理解和予以证实。

(1)深部调剖(油藏深部液流方向调整)的基本原理是将调堵段塞注入油藏深部,在油藏深部封堵水窜通道,启动水未波及到的平面含油区域和纵向部位。如果调堵剂段塞能够按照设计要求进入油藏深部,深部调剖施工后的注水与深部调剖前相比,增加的注水压力主要是在油藏深部启动剩余油富集区域中原油所需的附加驱动压力。这种附加压力相比于近井地带堵塞所导致的剧增压力是非常低的,因此深部调剖后的注水压力不会像近井调剖后那样急剧增加。如果注水压力剧增,说明近井油藏堵塞严重,这不是深部调剖的目标,对深部调剖效果是不利的。

(2) Z56-34井和Z54-36井注入的调堵体系中含有二氧化碳段塞。大量实验研究结果表明,二氧化碳与水形成的酸性溶液对储层矿物产生很强的溶蚀作用,使储层的渗透率增大。因此,注入二氧化碳段塞实际上可以起到酸化解堵的作用,大幅度地减小近井地带的压力损失,降低注水压力。由此分析,在调堵体系注入过程中,只要能够将调堵剂段塞推至远离注入井的位置,后续注水压力一般不会有很大的增加,甚至有可能会出现注水压力降低的情况。

三、调剖后注水井吸水剖面明显改善

表5-3为ZH11区块2口注水井调剖前后各层吸水量的对比。

表5-3 ZH11区块2口注水井调剖前后各层吸水量对比

井号	层号	渗透率/$10^{-3}\mu m^2$	油层厚度/m		吸水率/%		
			砂岩	有效	调前	2010-6	2011-3
Z54-36	PI2$_1$-2$_2$	28.9	2.3	1.1	36.20	39.22	46.44
	PI3$_1$	8.0	0.7		—	—	—
	PI3$_2$	12.2	0.5		12.23	60.78	53.56
	PI4$_1$	8.4	0.5	0.2	10.84	—	—
	PI4$_2$	6.8	2.3	0.9	40.73	—	—
Z56-34	PI2$_1$-2$_2$	17.8	0.9		17.95	18.38	24.87
	PI3	75.3	2.0	1.4	31.99	39.17	45.33
	PI4$_2$-5$_1$	4.1	4.6	0.4	50.05	42.45	29.79

由表5-3可见,调剖施工后,原主要吸水层的吸水率下降,而调剖前吸水差的层吸水率明显增大。调剖前Z54-36井主要吸水层为PI2$_1$-2$_2$和PI4$_2$,吸水量分别为注入量的40.73%和36.20%;调剖后主要吸水层PI4$_2$的吸水量降为0,调剖前吸水率仅为12.23%的PI3$_1$层,调剖后成为主要吸水层,吸水率增为53.56%~60.78%。调剖前Z56-34井主要吸水层为PI4$_2$-5$_1$和PI3,吸水量分别为注入量的50.05%和31.99%;调剖后主要吸水层PI4$_2$-5$_1$的吸水量降为29.79%,三个油层的吸水率趋于均匀。

四、油藏深部水流方向的调整

实验区块深部调剖施工后,注入水在油藏中的渗流方向得到调整,水窜得到抑制。

1. ZH68-62井注入水流动方向得到明显调整

根据水井ZH68-62井的两次放大注水的动态分析结果,ZH68-62井与ZH66-P61井之间连通性较差。

ZH68-62 井深部调剖施工后,ZH66-P61 井和 ZH70-P61 井的产液量动态如图 5-9 所示。由图 5-9 可见,ZH68-62 井调剖施工完成,正常注水 10 天后,ZH70-P61 井产液量由 4.5m³/d 降低至 3.8m³/d,产液量降低 15.6%;ZH68-62 井正常注水 15 天后,ZH66-P61 井的产液量由 8.8m³/d 增加至 10.7m³/d,产液量增大 21.6%。ZH68-62 井深部调剖后,ZH70-P61 井产液量降低,ZH66-P61 井产液量几乎同步增大,这表明 ZH68-62 井的注入水在原连通性较差的 ZH66-P61 井方向的分流量增大,其流动方向得到明显的调整。

2. ZH68-58 井注入水流动方向得到调整

根据油水井生产动态分析结果,ZH68-58 井与 ZH66-P61 井之间连通性较好。

ZH68-58 井深部调剖施工后,ZH66-P61 井和 ZH70-P61 井的产液量动态如图 5-9 所示。由图 5-9 可见,ZH68-58 井调剖施工完成,正常注水 10 天后,ZH70-P61 井产液量由 3.8m³/d 增加至 5.7m³/d,产液量增大 13.1%;ZH68-58 井调剖后,ZH66-P61 井的产液量仅略有降低。ZH68-62 井深部调剖后,ZH70-P61 井产液量明显增大,ZH66-P61 井产液量降低,这表明 ZH68-58 井的注入水在原连通性较好的 ZH66-P61 井方向的分流量降低,其流动方向得到明显的调整。

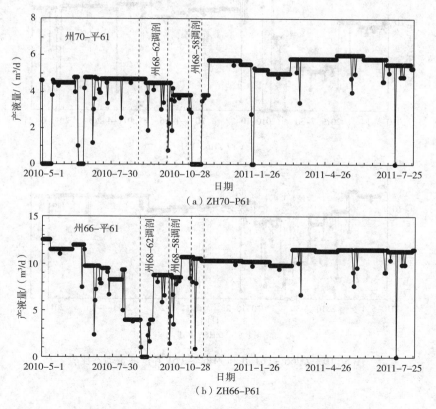

图 5-9　ZH70-P61 井和 ZH66-P61 井产液量动态比较

3. ZH64-58 井注入水流动方向略有调整

根据 ZH64-58 井注水动态、相关油井生产动态以及示踪剂资料综合分析结果,水井 ZH64-58 井在深部调剖前与水平井 ZH62-P61 井连通性较好,该井注入水的主要流动方向为 ZH62-P61 井。由此可以推断,ZH62-P61 井含水在短期内突然上升主要是因 ZH64-58 井的注入水向该井窜流所致。

如图 5-10 所示,ZH64-58 井深部调剖施工正常注水后,ZH62-P61 井和 ZH66P-61 井的产液量均略有下降,其中 ZH62-P61 井的产液量降幅大些,由 $11.3m^3/d$ 降至 $10.5m^3/d$,降液幅度为 7.1%。这是因为由 ZH64-58 井注入的深部调剖剂在油藏深部封堵水的主流通道,调剖后的注入水在油层中绕过调剖剂段塞或沿东西方向部分分流的结果。由于 ZH64-58 井与 ZH62-P61 井的连通性比其与 ZH66-P61 井连通性好,ZH64-58 井与两口水平井之间的水驱通道被封堵后,ZH62-P61 井的降液量更大些。这说明深部调剖施工后,ZH64-58 井的注入水在 ZH62-P61 井和 ZH66-P61 井两个方向的流量趋于均匀。

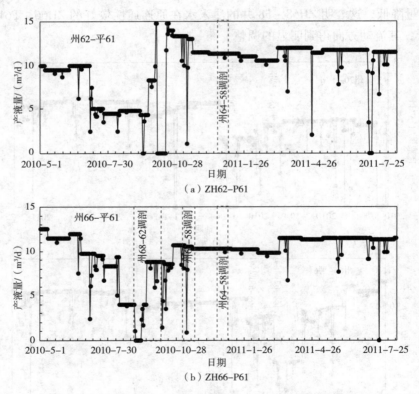

图 5-10 ZH66-P61 井和 ZH62-P61 井产液量动态比较

五、调剖后目标井取得明显的控水增油效果

1. 目标水平井的含水率降低

（1）Z57－P35 井的含水明显降低。

Z57－P35 井在 2007 年 9~12 月含水率呈逐步上升趋势，2007 年 12 月含水率上升至 80.7%。根据 2006 年 12 月 Z57－P35 井的水质化验结果（矿化度为 8602mg/L，Cl^- 为 3899mg/L），表明 Z57－P35 井已经见到注入水。

从井区水井与水平井连通条件较好的层注入孔隙体积倍数看，2007 年 12 月 Z54－36 井 $PI2_1$ 层、Z56－34 井 $PI2_1$、PI3 层和 Z56－36 井 PI3 层注入孔隙体积倍数分别为 0.66PV、0.69PV、0.25PV 和 0.88PV。从沉积相带图看，Z56－34 井 $PI2_1$、Z56－36 井 PI3 层平面上与 Z57－P35 井连通较好。综合分析认为，Z56－36 井 PI3 层、Z56－34 井 $PI2_1$ 层注水是 Z57－P35 井 2007 年 9~12 月含水率进一步上升的主要原因。

图 5-11 为 Z57－P35 井的含水动态曲线。由图 5-11 可见，自注水井 Z56－34 井深部调剖施工开始，目标油井 Z57－P35 井的含水率急剧下降，由调剖前平均含水率 83% 降至最低含水率 68%，降低了 15%；目前该井含水稳定在 76%，与深部调剖前相比含水降低了 7%。自 2009 年 11 月开始深部调剖至 2011 年 7 月，Z57－P35 井累计少产水 440m³。

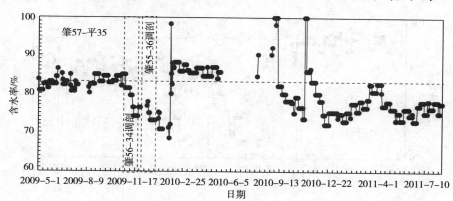

图 5-11　Z57－P35 含水率动态曲线

（2）ZH66－P61 井区水平井含水明显降低。

深部调剖施工后，ZH66－P61 井区的 3 口水平井（ZH66－P61 井、ZH62－P61 井、ZH70－P61 井）的含水均明显降低。

① ZH66－P61。

该井区的 3 口深部调剖施工井（ZH68－62 井、ZH68－58 井、ZH64－58 井）均位于 ZH66－P61 井周围，因此 ZH66－P61 井的控水增油效果应该是 3 口调剖井共同作用的结果。

图 5-12 为 ZH66－P61 井含水率动态曲线。由图 5-12 可见，ZH66－P61 井调剖前含水率 92.5%，ZH68－62 井调剖后，ZH66－P61 井的含水率开始降低，并且在将近一年的

时间内,含水率持续降低。目前,ZH66-P61井的含水率为91.2%,与调剖前相比,含水率降低了1.3%。

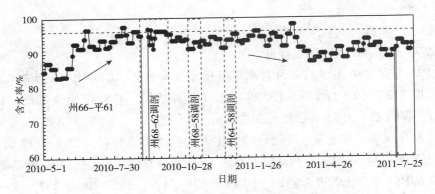

图5-12 ZH66-P61井含水率动态曲线

② ZH62-P61井。

图5-13为ZH62-P61井含水率动态曲线。由图5-13可见,ZH64-58井调剖后ZH62-P61井含水率上升趋势得到抑制,含水率趋于平稳。ZH64-58井调剖前,ZH62-P61井正常生产期间的含水率为95%,深部调剖后该井的含水在7个月内稳定在89%,含水降低了6%。

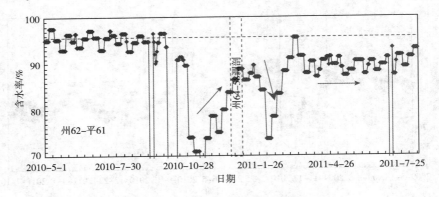

图5-13 ZH62-P61井含水率动态曲线

③ ZH70-P61井。

图5-14为ZH70-P61井含水率动态曲线。由图5-14可见,ZH68-62井调剖后,ZH70-P61井含水率在短期内降低;ZH68-58井调剖后,ZH70-P61井含水率经过一段波动后,半年内含水率稳定在17%,比调剖前4个月的平均含水率21%降低了4%。

2. 目标水平井的原油产量明显提高

(1) Z57-P35井。

Z57-P35井2003年12月应用限流法压裂投产,初期日产液22.1t,日产油19.9t,含水10.0%。该井含水上升快、产量递减较快,虽经注水调整10井次、9个层段,但水上升仍较快。自2005年6月至2006年12月含水由21.0%上升到75.3%、日产油由7.1t下

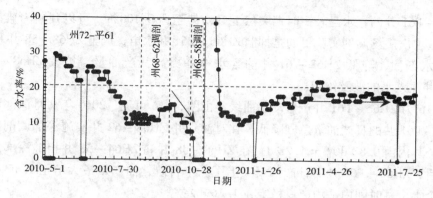

图 5-14　ZH70-P61 井含水率动态

降到 2.1t。Z56-34 井实施深部液流方向调整之前，Z57-P35 井的产量一直在递减，含水持续升高。截至 2009 年 11 月 7 日 Z56-34 井深部调剖施工前，Z57-P35 井平均含水率高达 83%，平均日产油 1.3t。

本次矿场实验的目的是抑制 Z57-P35 井的水窜，降低该井的含水、提高其产量。因此，施工井的选择和方案的设计都是围绕 Z57-P35 井而开展的。

图 5-15 为 Z57-P35 井产量动态曲线。由图 5-15 可见，2009 年 11 月 7 日 Z56-34 井深部调剖施工开始 8 天后，Z57-P35 井开始见效。截至 2010 年 1 月 26 日的 3 个月内，Z57-P35 井的含水由深部调剖前的持续上升转变为大幅度降低，产油量由 1.3t/d 持续增加至 2.3t/d，增产幅度达到 76.9%。

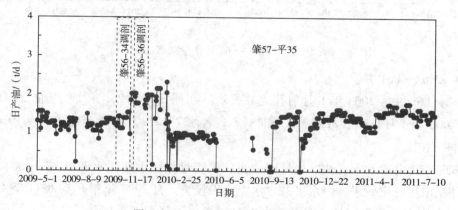

图 5-15　Z57-P35 井产量动态曲线

深部调剖之后，Z57-P35 井产油量总体趋势是稳中有升，在 2010 年 9 月至 2011 年 8 月将近一年的时间内原油产量稳定在 1.5t/d 左右。在深部调剖后将近 2 年时间内（2009 年 11 月~2011 年 8 月），不考虑因停产导致的产量损失，Z57-P35 井累计增油约 110t。

（2）ZH66-P61 井。

ZH62-P61 井 2003 年 1 月射孔完井投产。初期日产液 26.3t，日产油 25.4t，含水 3.4%；2008 年 4 月日产液 8.4t，日产油 1.8t，含水率 78.2%，阶段累计产油 0.75×10^4t，累计产水 0.34×10^4t。

ZH62-P61井的含水是较短时期突然上升，甚至达到100%，可以判断为典型的裂缝见水特征。本次矿场调剖实验目的是抑制ZH66-P61井水窜，调整ZH68-58井和ZH68-62井的吸水剖面，降低ZH62-61井的含水率并提高其产油量，扩大ZH68-58井和ZH68-62井注入水的波及体积。

图5-16为ZH66-P61井产量动态曲线。由图5-16可见，2010年9月深部调剖施工前，ZH66-P61井的日产油量急剧降低。在对注水井ZH68-62井实施深部调剖后，日产油量在2个月内由0.8t/d增至1.2t/d。在ZH68-58井和ZH64-58井相继深部调剖施工一个半月后，ZH66-P61井的日产油量又上了一个台阶，油产量最大增至1.45t/d，在此之后的四个半个月时间内平均产量稳定在1.2t/d左右。

深部调剖后，ZH66-P61井日产油量明显增大。在2010年9月初至2011年8月中旬近一年时间内，累计增油约300t。

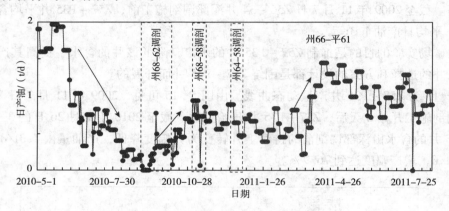

图5-16　ZH66-P61井产量动态曲线

（3）ZH62-P61井。

ZH62-P61井区2003年1月射孔完井投产。初期日产液26.3t，日产油25.4t，含水3.4%；2008年4月日产液8.4t，日产油1.8t，含水78.2%，累计产油0.75×10^4t，累计产水0.34×10^4t。

ZH62-P61井含水上升快、产量递减快。虽然对井区水井注水调整17井次、水平井酸化1井次取得一定效果，但水平井含水上升仍较快。自2007年年底至2008年4月含水由46.5%急剧上升到78.2%，日产油由4.4t/d急剧下降到1.8t/d。

图5-17为ZH62-P61井产量动态曲线。由图5-17可见，在ZH64-58深部调剖施工前的很长一段时间，ZH62-P61井的日产油量一直处于很低的水平，2010年5月1日的产油量为0.49t/d，在此之后日产油量持续降低，至2010年9月30日的产油量降为0.34t/d。

ZH62-P61井自2010年10月3日至2010年10月15日因变压器烧坏而关井12天，开井生产后原油日产量比关井前突然增大，产量由0.34t/d增大至4.06t/d。但是增产的趋势维持时间只有1个月，而且没有稳产期，当产量达到4.06t/d后便急剧降低，在1个月时间内，产量便由峰值的4.06t/d陡降为1.84t/d。分析认为，这一短期内油产量的增加，是由于ZH62-P61井近半月的停产所致。由此获得的启示是,特低渗透油藏水平井采取间歇开采方式,可以取得增产的效果。

如图5-17所示,在ZH62-P61井产量陡降期,ZH64-58井进行深部调剖施工。ZH64-58井深部调剖后,ZH62-P61井的产量陡减趋势得到有效控制,而且在深部调剖施工结束半个月后出现产量上升,日产油量在10天内(2011年1月26~2011年2月5日)由1.2t/d增至2.9t/d。ZH64-58井深部调剖后至今(2011年8月15日)的7个月内,ZH62-P61井产量持续稳定在1.3t/d左右。

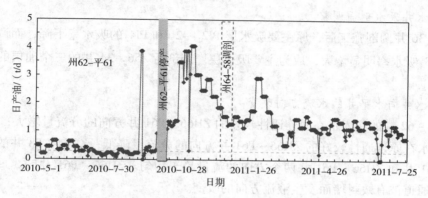

图5-17　ZH62-P61井产量动态曲线

与事故关井前5个月(2010年5月1日~2010年10月3日)的平均产量0.3t/d相比,深部调剖后ZH62-P61井日产油量增大了1.0t/d,增产幅度为333.3%,即产量增大了3倍以上。截至2011年8月15日,ZH62-P61井累计增油约240t。

(4) ZH70-P61井。

图5-18为ZH70-P61井产量动态曲线。由图5-18可见,在ZH68-58井深部调剖施工后,初期ZH70-P61井产量递减趋势得到抑制,而且产量在短期内增至5.0t/d,并稳定了7个月。在深部调剖后的8个多月内,ZH70-P61井的油产量持续稳定在4.6t/d。与深部调剖前5个月的平均产量3.4t/d相比,深部调剖后ZH70-P61井的日油产量增加了1.2t/d,产量增幅为35.3%。截至2011年8月15日,ZH70-P61井累计增油约300t。

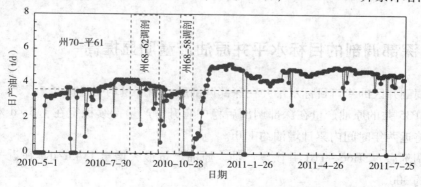

图5-18　ZH70-P61井产量动态曲线

第四节 矿场实验总结

一、深部调剖后水平井区水窜得到抑制

1. 注水井吸水剖面调整

Z54-36 井调剖施工后，原主要吸水层 $PI2_1-2_2$ 和 $PI4_2$ 的吸水率下降，而调剖前吸水差的层 $PI3_1$ 吸水率明显增大，成为主要吸水层。调剖后 Z56-34 井的三个油层的吸水率趋于均匀。

2. 注水井向水平井的水流方向改变

ZH68-62 井的注入水在原连通性较差的 ZH66-P61 井方向的分流量增大；ZH68-58 井的注入水在原连通性较好的 ZH66-P61 井方向的分流量降低；ZH64-58 井的注入水在 ZH62-P61 井和 ZH66-P61 井两个方向的流量趋于均匀。ZH66-P61 井区 3 口调剖井均因原水流通道被有效封堵而发生液流方向的改变。

二、深部调剖的目标水平井含水率降低

深部调剖井区的 4 口目标水平井在深部调剖后含水均有所降低。

Z57-P35 井的含水率降低了 15%，调剖后 21 个月含水稳定在 76%，比深部调剖前降低了 7%。

ZH66-P61 井的含水率在调剖后的一年内持续降低，目前与调剖前相比降低了 4%。

调剖后 ZH62-P61 井含水率由持续上升变为下降，含水率在 7 个月内稳定在 89%，比深部调剖前降低了 6%。

ZH70-P61 井调剖后的含水率持续稳定在 17%，比调剖前 4 个月的平均含水率 21% 降低了 4%。

三、深部调剖的目标水平井原油产量明显提高

深部调剖井区的 4 口目标水平井在深部调剖后原油产量均明显提高。

Z57-P35 井的原油产量在深部调剖后稳中有升，产量持续稳定在 1.5t/d 左右，在深部调剖后将近两年时间内累计增油约 110t。

深部调剖后，ZH66-P61 井恢复产油，原油产量最大增至 1.45t/d，在近一年时间内累计增油约 300t。

深部调剖后，ZH62-P61 井的产量由急剧下降变为明显上升，ZH62-P61 井产量持续

稳定在 1.3t/d 左右，比深部调剖前的油产量大了 3 倍以上，累计增油约 240t。

深部调剖后，ZH70－P61 井的日产油量增加 35.3%，累计增油约 300t。

深部调剖的 2 个井区共 4 口水平井，截至 2011 年 8 月 15 日，共累计增油 950t。ZH66－P61 井区（共 3 口调剖井，3 口水平井）的增油效果明显优于 Z57－P35 井，在不足一年的时间内共累计增油 840t，平均每口水平井增油 280t。

在中高渗透油藏中，向油藏中注入封窜段塞，封堵水窜通道后继续注水，是治理水窜、提高波及效率的常规方法。但是，低（特低）渗透油藏深部液流方向调整的效果不仅取决于对水窜通道的封堵效果和剩余油的潜力，更重要的是取决于封堵水窜通道后注入的驱油介质进入致密基质并驱动其中原油的能力。如果注入的驱油介质难以进入致密的基质，即便成功地封堵了水窜通道，也无法有效地启动剩余油，难以取得明显的增油降水效果。因此，适用于中高渗透油藏的油藏深部封窜－水驱的技术思路在低（特低）渗透油藏中不一定能够取得很好的效果。

对于薄油层，水驱的纵向波及效率较高，因此，实施深部调剖后增油的潜力在于提高平面波及效率。在薄油层中，主要依靠后续驱油介质被封窜段塞阻挡绕流提高平面波及效率，因此，薄油层进入高含水期后，依靠深部封堵水窜提高波及效率的潜力十分有限。

在直井注入、水平井开采的井网组合中，水平井中很可能有多个出水段，只要其中的一个出水段得不到有效治理，整个水平井的含水率就难以降低。因此，水平井的水窜比直井更难治理。

综合考虑上述问题，对低渗透薄层水平井区治理水窜建议如下：

（1）深部调剖与气驱结合。

在低（特低）渗透油藏高含水期实施深部调剖后，考虑采用气驱或水气交替驱。大量室内实验已证明这是低（特低）渗透油藏水驱后提高采收率可行的技术思路。

（2）堵通结合。

在低渗透薄层水平井区开展水井深部调剖与水平井（油井）增产措施相结合的综合技术研究。

（3）区块整体深调。

由 Z57－P35 井区和 Z66－P61 井区深部调剖效果对比，并结合其他低渗透油藏深部调剖实例，充分表明区块整体深部调剖的效果明显优于单井深部调剖。

（4）注采方式调整。

特低渗透油藏开采和室内实验结果均表明，适当地改变注水井和油井（水平井和直井）的注采方式，可以取得一定的增产效果。建议在特低渗透薄油层水平井区采用深部调剖与间注间采相结合的措施。

（5）水窜方向的确定。

特低渗透薄油层水淹水平井的水窜方向的准确判断是制约深部调剖效果，甚至是关系到深部调剖成败的关键。建议在实施水平井区整体调剖之前，采取适当的方法，确定目标井区油藏中的水窜方向。

参 考 文 献

[1] И. Л. 马尔哈辛. 油层物理化学机理（俄译本）[M]. 北京：石油工业出版社，1987.

[2] J. 贝尔著，李竞生，陈崇希译. 多孔介质流体动力学 [M]. 北京：中国建筑工业出版社，1983.

[3] 郭尚平，黄延章，周娟等. 物理化学渗流微观机理 [M]. 北京：科学出版社，1990.

[4] 李道品. 低渗透砂岩油田开发 [M]. 北京：石油工业出版社，1997.

[5] 黄延章. 低渗透油层渗流机理 [M]. 北京：石油工业出版社，1998.

[6] 刘一江，王香增. 化学调剖堵水技术 [M]. 北京：石油工业出版社，1999.

[7] 李道品. 低渗透油田高效开发决策论 [M]. 北京：石油工业出版社，2003.

[8] 刘庆旺，范振中，王德金. 弱凝胶调驱技术 [M]. 北京：石油工业出版社，2003.

[9] 杨胜来，魏俊之. 油层物理学 [M]. 北京：石油工业出版社，2004.

[10] 雷光伦. 孔喉尺度弹性微球深部调驱新技术 [M]. 东营：中国石油大学出版社，2011.

[11] 付美龙，张顶学，柳建新，等. 油田开发后期调剖堵水和深部调驱提高采收率技术 [M]. 北京：石油工业出版社，2017.

[12] 郝明强，刘先贵，胡永乐，等. 微裂缝性特低渗透油藏储层特征研究 [J]. 石油学报，2007，28（5）：93–98.

[13] 熊伟，高树生，胡志明，等. 低、特低渗透砂岩气藏单相气体渗流特征实验 [J]. 天然气工业，2009，29（9）：75–77.

[14] 林玉保，杨清彦，刘先贵. 低渗透储层油、气、水三相渗流特征 [J]. 石油学报，2006，27（z1）：124–128.

[15] 曾联波. 低渗透砂岩油气储层裂缝及其渗流特征 [J]. 地质科学，2004，9（1）：11–17.

[16] 岳湘安，赵仁保，赵凤兰. 我国 CO_2 提高石油采收率面临的技术挑战 [J]. 中国科技论文在线，2007，2（7）：487–491.

[17] Christensen J R, Stenby E H, Skauge A. Compositional and Relative Permeability Hysteresis Effects on Near-Miscible WAG: SPE/DOE Improved Oil Recovery Symposium. Tulsa, Oklahoma: 1998 Copyright 1998, Society of Petroleum Engineers, Inc., 1998.

[18] 杨彪，唐汝众，栾传振，等. 国外 CO_2 驱油防止粘性指进和重力超覆工艺 [J]. 断块油气田，2003，10（2）：64–66.

[19] Kristiansen J I, Sognesand S, Bergum R. Determination and Application of MWD/LWD and Core Based Permeability Profiles in Oseberg Horizontal Wells: European Petroleum Conference. Milan, Italy: 1996 Copyright 1996, Society of Petroleum Engineers, Inc., 1996.

[20] Cho Y J, Lee J I, Lee J W. Characteristics of Tsunami Propagation Through Korean Straits And Statistical Description of Tsunami Wave Height: The International Society of Offshore and Polar Engineers, 2006.

[21] Spivak A, Garrison W H, Nguyen J P. Review of an Immiscible CO_2 Project, Tar Zone, Fault Block V,

Wilmington Field, California. SPE Reservoir Engineering. 1990 (2): 155-162.

[22] 张建华, 罗俊, 屈世显, 等. 粘性指进的实验、模拟与多分形研究 [J]. 科技通报, 1998 (05): 8-13.

[23] Bae J H. Viscosified CO_2 Process: Chemical Transport and other Issues: SPE International Symposium on Oilfield Chemistry. San Antonio, Texas: Copyright 1995, Society of Petroleum Engineers Inc., 1995.

[24] Xu J, Wlaschin A, Enick R M. Thickening Carbon Dioxide With the Fluoroacrylate-Styrene Copolymer. SPE Journal. 2003 (2): 85-91.

[25] 窦丹, 金佩强, 杨克远. 水气交替注入法降黏: 适用于阿拉斯加北坡稠油的有效 EOR 工艺 [J]. 国外油田工程, 2006, 22 (7): 1-5.

[26] Royers John D, 牛宝荣, 崔娥. 二氧化碳驱过程中水气交替注入能力异常分析 [J]. 吐哈油气, 2002 (01): 77-85.

[27] 王世虎, 李敬松. 水气交替注入改善循环注气效果研究 [J]. 江汉石油学院学报, 2004 (02): 132-133.

[28] 尤源, 岳湘安, 韩树柏, 等. 油藏多孔介质中泡沫体系的阻力特性评价及应用 [J]. 中国石油大学学报 (自然科学版), 2010, 34 (5): 94-99.

[29] 邓军, 段志勇, 贺娟. 泡沫调剖封窜机理实验研究 [J]. 重庆科技学院学报 (自然科学版), 2011, 13 (1): 104-106.

[30] 徐阳, 赵仁保, 王淼, 等. CO_2 驱封窜用新型复合凝胶体系筛选评价研究 [J]. 石油天然气学报, 2010, 32 (1): 346-350.

[31] 张代森. 丙烯酰胺地层聚合交联冻胶堵调剂研究及应用 [J]. 油田化学, 2002, 19 (4): 337-339.

[32] 闫庆来, 何秋轩, 尉立岗, 等. 低渗透油层中单相液体渗流特征的实验研究 [J]. 西安石油学院学报, 1990, 5 (2): 1-6.

[33] 徐绍良, 岳湘安, 侯吉瑞. 去离子水在微圆管中流动特性的实验研究 [J]. 科学通报, 2007, 52 (1): 120-124.

[34] 王斐, 岳湘安, 徐绍良, 等. 润湿性对水在微管和岩芯中流动特性的影响 [J]. 科学通报, 2009, 54 (7): 972-977.

[35] 赵春鹏, 岳湘安. 特低渗透油藏超前注水长岩芯实验研究 [J]. 西南石油大学学报 (自然科学版), 2011, 33 (3): 105-108.

[36] Z. Slanina, F. Uhlik, S. L. Lee, et al. Computational modeling for the clustering degree in the saturated steam and the water-containing complex in the atmosphere [J]. Journal of Quantitative Spectroscopy and Radiative Transfer. 2006, (97): 415-423.

[37] 王勇杰, 王昌杰, 高家碧. 低渗透多孔介质中气体滑脱行为研究 [J]. 石油学报, 1995, 16 (3): 101-105.

[38] X. A. Yue, H. G. Wei. Low Pressure Gas Percolation Characteristic in Ultra-low Pemeability Porous Media [J]. Transport in Porous Media, 2010, 85 (1): 333-345.

[39] Martin F D, Kovarik F S, Chang P, et al. Gels for CO_2 Profile Modification: SPE Enhanced Oil Recovery Symposium. Tulsa, Oklahoma: 1988 Copyright 1988, Society of Petroleum Engineers, 1988.

[40] Puon P S, Ameri S, Aminian K, et al. CO_2 Mobility Control Carbonate Precipitation: Experimental Study:

SPE Eastern Regional Meeting. Charleston, West Virginia: Not subject to copyright. This document was prepared by government employees or with government funding that places it in the public domain. , 1988.

[41] Zhu T, Strycker A, Raible C J, et al. Foams for Mobility Control and Improved Sweep Efficiency in Gas Flooding: SPE/DOE Improved Oil Recovery Symposium. Tulsa, Oklahoma: 1998 Copyright 1998, Society of Petroleum Engineers, Inc. , 1998.

[42] Purvis G, Bentsen R G. A Hele-Shaw Cell Study Of A New Approach To Instability Theory In Porous Media. 1988 (1).

[43] Chuoke R L, van Meurs P, van der Poel C. The Instability of Slow, Immiscible, Viscous Liquid-Liquid Displacements in Permeable Media. 1959.

[44] Kang S M, Fathi E, Ambrose R J, et al. Carbon Dioxide Storage Capacity of Organic-Rich Shales. SPE Journal. 2011 (4): 842–855.

[45] 苏玉亮, 吴春新, 张琪, 等. 特低渗油藏 CO_2 非混相驱油特征 [J]. 重庆大学学报, 2011 (4): 53–57.

[46] 刘振华. 裂缝性地层流体驱替的分形模拟研究 [J]. 石油勘探与开发, 1999, 26 (6): 47–50.

[47] 朱曼鹏, 李新华, 薛博. N, N'-亚甲基双丙烯酰胺交联淀粉微球的制备及其降解性能研究 [J]. 沈阳农业大学学报, 2009, 40 (3): 339–343.

[48] 赵新法, 李仲谨, 王磊, 等. N, N'-亚甲基双丙烯酰胺交联淀粉微球的合成与表征 [J]. 功能材料, 2007, 38 (8): 1356–1358.

[49] 赵新法, 李仲谨, 王磊, 等. N, N'-亚甲基双丙烯酰胺交联淀粉微球的合成及吸附性能 [J]. 化工新型材料, 2007, 35 (2): 66–69.

[50] 姚广聚. PAG 复合型吸水凝胶的优化合成及调剖效率研究 [D]. 西南石油大学, 2005.

[51] Jurinak J J, Summers L E. Laboratory Testing of Colloidal Silica Gel for Oilfield Applications (Supplement to SPE 18505). 1991.

[52] 戴彩丽, 赵娟, 姜汉桥, 等. 延缓交联体系深部调剖性能的影响因素 [J]. 中国石油大学学报 (自然科学版), 2010, 34 (1): 149–152.

[53] 张明霞, 杨全安, 王守虎. 堵水调剖剂的凝胶性能评价方法综述 [J]. 钻采工艺, 2007, 30 (4): 130–133.

[54] 岳湘安, 侯吉瑞, 邱茂君, 等. 聚合物凝胶颗粒调剖特性评价 [J]. 油气地质与采收率, 2006, 13 (2): 81–84.

[55] 马晶, 杨明, 周魁. 单分散二氧化硅-苯乙烯复合微球的制备及表征 [J]. 硅酸盐学报, 2011, 39 (2): 187–193.

[56] 陈志民, 薛峰峰, 孙冠男, 等. 超临界二氧化碳对不同聚合方法制备的交联聚合物微球的塑化研究 [J]. 高分子通报, 2010, (6): 75–80.

[57] 蒋静智, 李志义, 刘学武. 超临界流体技术制备聚合物超细微粒 [J]. 功能材料, 2010, 41 (7): 1236–1239.

[58] 宋锐, 谢巧丽, 何领好, 等. 聚丙烯酰胺/纳米 SiO_2 复合凝胶的制备及初步研究 [J]. 光谱实验室, 2006, 23 (3): 609–612.

[59] Duda J L, Klaus E E, Fan S K. Influence of polymer-molecule/wall interactions on mobility control [R]. SPE 00009298: (1981) 613–622.

[60] 王磊,张健强,李瑞东,等.丙烯酰胺类反相微乳液聚合研究及应用进展[J].油田化学,2009,26(4):458-463.

[61] 雷光伦,郑家明.孔喉尺度聚合物微球的合成及全程调剖驱油新技术研究[J].中国石油大学学报,2007,31(1):87-90.

[62] 王涛,肖建洪,孙焕全.聚合物微球的粒径影响因素及封堵特性[J].油气地质与采收率,2006,13(4):80-82.

[63] 韩秀贞,李明远,林梅钦,等.交联聚合物微球水化性能分析[J].油田化学,2006,23(2):162-165.

[64] 马敬昆,蒋庆哲,王永宁.交联聚合物微球的制备及岩心封堵性能研究[J].石油钻采工艺,2010,32(2):84-88.

[65] 李明远,王爱华,于小荣,等.交联聚合物溶液液流转向作用机理研究[J].石油学报(石油加工),2007,23(6):31-35.

[66] 王海波,肖贤明.海上调剖用乳液聚合物的合成与表征[J].钻采工艺,2007,30(4):125-126.

[67] 赵楠,葛际江,张贵才.反相微乳液聚合制备聚丙烯酰胺水凝胶微球研究[J].西安石油大学学报(自然科学版),2008,23(6):78-82.

[68] 钱晓琳,于培志,王琳,等.钻井液用阳离子聚合物反相乳液的研制及其应用[J].油田化学,2008,25(4):297-299.

[69] 王风贺,卢时,雷武,等.丙烯酰胺反相微乳液聚合体系及其微观结构[J].化工学报,2006,57(6):1447-1452.

[70] 哈润华,侯斯键,栗付平,等.微乳液结构和丙烯酰胺反相微乳液聚合[J].高分子通报,1995,(1):10-19.

[71] 夏惠芬,蒋莹,王刚.聚驱后聚表二元复合体系提高残余油采收率研究[J].西安石油大学学报(自然科学版),2010,25(1):45-49.

[72] 尤源,岳湘安,赵仁保,等.非均质油藏水驱后化学体系提高采收率效果研究[J].钻采工艺,2009,32(5):30-33.

[73] X. Wang, P. Luo, V. Er, et al. Assessment of CO_2 Flooding Potential for Bakken Formation, Saskatchewan [C]. SPE 137728. 2010.

[74] A. Mansour, T. Gamadi, H. Emadibaladehi, et al. Limitation of EOR Applications in Tight Oil Formation [R]. SPE 187542. 2017.

[75] C. Y Song. D. Y. Tony Optimization of CO_2 Flooding Schemes for Unlocking Resources from tight oil Formations [R]. SPE 162549. 2012.

[76] A. Arshad, A. Abdulaziz. A. Majed, et al. Carbon Dioxide (CO_2) Miscible Flooding in Tight Oil Reservoirs: A CaseStudy [C] SPE 127616. 2009.

[77] S. Rahman, W. Nofel, A. Al-Majed et al. Phase Behavior Aspects of Carbon Dioxide (CO_2) Miscible Flooding in Tight Cores: A Case Study [C] SPE 128467. 2010.

[78] 谷潇雨,蒲春生,黄海,等.渗透率对致密砂岩储集层渗吸采油的微观影响机制[J].石油勘探与开发,2017,44(6):948-954.

[79] 朱维耀,鞠岩,赵明,等.低渗透裂缝性砂岩油藏多孔介质渗吸机理研究[J].石油学报,2002,

23（6）：57-60.

[80] V. Kumar, A. Garnett, G. Kumar, et al. Design, Operations and Interpretation of CO_2 and Water Injection Test in Low Permeability Saline Aquifer [C]. SPE139562. 2010.

[81] 沈平平，袁士义，邓宝荣，等．非均质油藏化学驱波及效率和驱油效率的作用［J］．石油学报，2004，25（5）：54-59.

[82] 岳湘安，王尤富，王克亮．提高石油采收率基础［M］．北京：石油工业出版社，2007.

[83] 郭耘，彭森，丁浩．FY油层深度二元体系调驱技术的研究与应用［J］．西安石油大学学报（自然科学版），2007，22（4）：60-64.

[84] 王嘉禄，沈平平，陈永忠，等．三元复合驱提高原油采收率的三维物理模拟研究［J］．石油学报，2005，26（5）：61-66.

[85] 刘庆旺，范振中，林瑞森．阳离子型弱凝胶调驱剂的性能与应用［J］．浙江大学学报（理学版），2005，32（3）：295-299.

[86] 张霞林，周晓君．聚合物弹性微球乳液调驱实验研究［J］．石油钻采工艺，2008，30（5）：89-92.

[87] 宋洪庆，朱维耀，王明．多段塞等渗阻调驱复杂渗流［J］．北京科技大学学报，2009，31（10）：1213-1217.

[88] 曹毅，岳湘安，杨舒然，等．凝胶型含油污泥调剖体系的制备及调剖效果评价［J］．石油钻采工艺，2012，34（2）：77-80.

[89] 曹毅，邹西光，杨舒然，等．JYC-1聚合物微球乳液膨胀性能及调驱适应性研究［J］．油田化学，2011，28（4）：385-389.

[90] Cao Yi, Yue Xiang'an, Yang Shuran Experimental Study on Polymer Microsphere Emulsion Profile Control and Flooding in Heterogeneity of Reservoir [J]. Advanced Materials Research. 2012，(361): 437-440.

[91] 曹毅，张立娟，岳湘安，等．非均质油藏微球乳液调驱物理模拟实验研究［J］．西安石油大学学报，2011，26（2）：48-51.

[92] 曹毅，岳湘安，李晓胜．底水油藏水驱后提高采收率模拟实验研究［C］．第三届国际提高采收率大会．中国西安．2012.04.25-28.

[93] 张海林，曹毅，刘峰刚，等．CO_2驱复合凝胶封窜剂微观结构及配方优化［J］．油田化学，2017，34（1）：74-78.

[94] 曹瑞波，代旭，李卓，等．正电胶调剖剂改善非均质油藏聚合物驱效果［J］．特种油气藏，2016，23（1）：132-134.

[95] 丁名臣，岳湘安，张立娟，等．油藏孔隙的剪切-拉伸对弱凝胶调剖特性的影响研究［J］．油田化学，2013，30（4）：521-524.

[96] 唐可，胡冰艳，廖元淇，等．用于封堵新疆油田砾岩油藏水流优势通道的调剖剂研究［J］．油田化学，2016，33（4）：633-637.

[97] 靳彦欣，史树彬，付玮，等．特高含水油藏深部调剖技术界限研究［J］．特种油气藏，2015，22（3）：77-80.

[98] 张国良，岳湘安，董利飞，等．特低渗油藏水平井区深部调剖技术适应性评价及应用［J］．科学技术与工程，2014，14（12）185-189.

[99] 张兵，蒲春生，于浩然，等．裂缝性油藏多段塞凝胶调剖技术研究及应用［J］．油田化学，2016，

33（1）：46-50.
- [100] 史雪冬，岳湘安，张俊斌，等．聚驱后油藏井网调整与深部调剖三维物理模拟实验［J］．断块油气田，2017，24（3）：401-404.
- [101] 黄德胜，齐宁，姜慧，等．高温油藏深部复合调剖技术研究［J］．西安石油大学学报（自然科学版），2014，29（3）：68-72.
- [102] 郭艳．高温油藏三元复合体系与有机调剖体系配伍性研究［J］．精细石油化工进展，18（5）：1-7.
- [103] 吴玉昆，邓明坚．高温高盐低渗透油藏调剖技术研究及应用［J］：石油地质与工程，2013，27（4）：121-124.
- [104] 林琳，王桂勋．高温低渗油藏堵水调剖技术研究与应用［J］．精细石油化工进展，2012，13（6）：30-33.
- [105] 王海静，薛世峰，高存法，等．非均质油藏水平井射孔调剖方法［J］．中国石油大学学报（自然科学版），2012，36（3）：135-139.
- [106] 冯其红，张安刚，姜汉桥．多层油藏调剖效果动态预测方法研究［J］．西南石油大学学报（自然科学版），2011，33（4）：130-134.
- [107] 秦山，王健，倪聪，等．低渗油藏二次交联凝胶与聚合物微球复合调剖体系［J］．新疆石油地质，2016，37（1）：69-73.
- [108] 刘跃龙，袁胥，周舰，等．低渗透油藏调剖/调驱剂的研制与封堵性能研究［J］．石油化工与应用，2018，37（1）：6-11.
- [109] 李永太，李辰，张宏福，等．低渗透油藏多段塞调剖技术室内研究及现场应用［J］．钻采工艺，2013，36（6）：98-101.
- [110] 冯其红，王森，陈存良，等．低渗透裂缝性油藏调剖选井无因次压力指数决策方法［J］．石油学报，2013，34（5）：932-937.
- [111] 王晓燕，郭程飞，杨涛，等．低渗透裂缝性油藏调剖物理模型研制及实验评价［J］．油田化学，2017，34（2）：265-269.
- [112] 周元龙，姜汉桥，刘晓英，等．大港油田不同类型油藏调剖效果主控因素分析［J］．钻采工艺，36（3）：38-41.
- [113] 陈佳，王健，倪聪，等．D26油藏复合调剖体系研制与评价［J］．油气藏评价与开发，2016，6（5）：44-48.
- [114] 刘永兵，冯积累，赵金洲．IPNG颗粒溶液调驱剂的注入性能试验研究［J］．石油天然气学报，2008，30（10）：128-131.
- [115] 孙秀云，郑健，张代红，等．滨南油田污油泥调剖技术［J］．石油钻采工艺，2004，26（3）：80-81.
- [116] 刘东亮．一种新型含油污泥调剖剂的研制［J］．石油钻采工艺，2007，29（5）：65-68.
- [117] 赖南君，叶仲斌，樊开赟，等．含油污泥疏水缔合聚合物调剖剂研究［J］．油田化学，2010，27（1）：66-68.
- [118] 范振中，俞庆森．污油泥调剖剂的研究与性能评价［J］．浙江大学学报（理学版），2005，32（6）：658-662.
- [119] 李鹏华，李兆敏，李宾飞，等．含油污泥制成高温调剖剂资源化技术［J］．辽宁石油化工大学学报，2009，29（3）：19-22.

[120] 李芮丽, 刘国良, 赵振兴, 等. 含油污泥体膨颗粒调剖剂的研究 [J]. 环境工程, 2006, 24 (3): 59-61.

[121] 浦敏锋, 刘梅堂. 聚合物/黏土纳米复合材料中有机改性剂的研究进展 [J]. 高分子材料科学与工程, 2010, 26 (12): 168-171.

[122] 何更生. 油层物理 [M]. 北京: 石油工业出版社, 1994.

[123] Larry W. Enhanced oil recovery [M]. New Jersey: Englewood Cliffs, 1989.

[124] 任俊, 沈健, 卢寿慈. 颗粒分散科学与技术 [M]. 北京: 化学工业出版社, 2005.

[125] 江龙. 胶体化学概论 [M]. 北京: 化学工业出版社, 2005.

[126] 付献彩, 沈文霞, 姚天扬. 物理化学 [M]. 北京: 高等教育出版社, 1990.

[127] 王小泉, 魏君. 一种硅酸类无机凝胶堵剂的制备 [J]. 油田化学. 2002, 19 (2): 127-130.

[128] 张开闩. 聚甲基丙烯酰亚胺及其纳米复合材料研究 [D]. 国防科学技术大学高分子化学与物理, 2007.

[129] T. A. M. McKean, A. H. Thomas, J. R. Chesher, et al. Schrader Bluff CO_2 EOR Evaluation [R]. SPE 54619. 1999.

[130] P. Y. Zhang, S. Huang, S. Sayegh. Effect of CO_2 Impurities on Gas-Injection EOR Processes [R]. SPE 89477. 2004.

[131] 李宏岭, 侯吉瑞, 岳湘安, 等. 地下成胶的淀粉-聚丙烯酰胺水基凝胶调堵剂性能研究 [J]. 油田化学, 2005, 22 (4): 358-361.

[132] 王正良, 周玲革. JST耐温抗盐聚合物冻胶体系的研究 [J]. 油田化学, 2003, 20 (3): 224-226.

[133] 徐卫东, 李科星, 蒲万芬, 等. XN-P大孔道封堵剂室内研究 [J]. 西南石油大学学报（自然科学版）, 2009, 31 (5): 143-146.

[134] 赵仁保. CO_2对硅酸钠-丙烯酰胺溶液聚合行为及产物性质的影响 [J]. 高等学校化学学报, 2009, 30 (3): 596-600.

[135] Yongli Hou, Renbao Zhao, Xiang'an Yue. Experimental Study of Plugging Channeling in CO_2 Flooding with Composite Gel System [J]. 2010, 7 (2): 245-250.

[136] 刘羿君, 王建君, 鲍学骞, 等. 丝素蛋白纤维/聚N-异丙基丙烯酰胺复合水凝胶的性能 [J]. 功能高分子学报, 2009, 22 (1): 55-59.

[137] 王键, 郑焰, 冯玉军, 等. 两性缔合聚合物/有机铬冻胶调堵剂的性能 [J]. 油田化学, 1999, 16 (3): 214-216.

[138] 易国斌, 王永亮, 康正, 等. 交联剂对PVP/PCL共聚凝胶性能的影响 [J]. 高分子材料科学与工程, 2008, 24 (5): 72-75.

[139] 韩小敏. 低聚物对单体DMDAAC和AM共聚反应影响的初步研究 [D]. 南京理工大学应用化学, 2009.

[140] 杨金田, 黄卫, 周永丰, 等. 可溶性共聚酰亚胺的合成与性能研究 [J]. 高分子学报, 2006, (4): 609-614.

[141] 朱琳, 张福胜. 含有3H-苯并吡喃-2-酮骨架化合物的液晶性和凝胶性能 [J]. 应用化学, 2009, 26 (10): 1189-1193.

[142] 曾尤, 王瑞春, 谷雅欣, 等. 孔隙率对多孔聚乙烯醇缩甲醛凝胶性能的影响 [J]. 高分子材料科

学与工程，2005，21（4）：185-188.

[143] 李之燕，李瑞卿，陈美华，等. 对互穿聚合物网络凝胶性能影响因素的分析 [J]. 油气田地面工程，2004，23（12）：53-54.

[144] 郭文平，张政，秦霁光. 丙烯酸与丙烯酸钾共聚反应竞聚率的研究 [J]. 北京化工大学学报，2000，27（1）：1-3.

[145] 董朝霞，林梅钦，李明远，等. 光散射技术在研究高分子溶液和凝胶方面的应用 [J]. 高分子通报，2001，（5）：25-33.

[146] 赵楠，葛际江，张贵才，等. 具有一定柔性的聚丙烯酰胺水凝胶的研制 [J]. 石油与天然气化工，2009，38（2）：137-140.

[147] 韩布兴. 超临界流体科学与技术 [M]. 北京：中国石化出版社，2005.

[148] 张怀平，陈鸣才. 超临界二氧化碳中的聚合反应 [J]. 化学进展，2009，21（9）：1869-1879.

[149] Daoyong Yang, Yongan Gu, Visualization of Interfacial Interactions of Crude Oil-CO_2 Systems under Reservoir Conditions [R]. SPE 89366 2004.

[150] Hirasaki G J, Miller C A, Szafranski R, et al. Field demonstration of the surfactant foam process for aquifer remediation [A]. SPE39292, Texas,, U.S.A, 1997.

[151] 曹功泽，侯吉瑞，岳湘安，等. 改性淀粉-丙烯酰胺接枝共聚调堵剂的动态成胶性能 [J]. 油气地质与采收率，2008，15（5）：72-74.

[152] 陈厚，刘军深，曲荣君，等. 不同共聚体系对丙烯腈与丙烯酸单体竞聚率的影响 [J]. 高分子材料科学与工程，2005，21（6）：66-68.

[153] 赵金义，张鹏，冯晋华，等. 丙烯酰胺-丙烯酸钠-N，N'-亚甲基双丙烯酰胺共聚物的合成及溶液性质 [J]. 青岛科技大学学报（自然科学版），2009，30（1）：47-50.

[154] 何俊海，刘宗恩，赵希春，等. 凝胶性能测试试验装置 [J]. 油气田地面工程，2010，29（5）：108-109.

[155] 白宝君，刘伟，李良雄，等. 影响预交联凝胶颗粒性能特点的内因分析 [J]. 石油勘探与开发，2002，29（2）103-105.

[156] 杨钊，周阳，吴宪龙. 无机非金属胶凝调堵封窜材料研究与实验 [J]. 科学技术与工程，2010，10（17）：4252-4254.

[157] 党娟华，郑峰，杨胜利，等. 环保型吸水膨胀聚合物凝胶的合成与评价 [J]. 油气田环境保护，2011，21（1）：38-40.

[158] 董雯，张贵才，葛际江，等. 耐温抗盐水膨体调剖堵水剂的合成及性能评价 [J]. 油气地质与采收率，2007，14（6）：72-75.

[159] 余维初，张建国，吴金星. 聚合物凝胶性能影响因素试验研究 [J]. 石油天然气学报，2005，27（3）：392-393.

[160] 田帅，单国荣，王露一. 聚乙二醇对PAMPS/PAM双网络水凝胶性能的影响 [J]. 高分子学报，2010，（5）：556-560.

[161] 廖广志，孙刚，牛金刚，等. 驱油用部分水解聚丙烯酰胺微观性能评价方法研究 [J]. 北京大学学报（自然科学版），2003，39（6）：815-820.

[162] 邵忠宝，李国荣. 高分子网络凝胶法制备纳米ZnO粉料 [J]. 材料研究学报，2001，15（6）：681-685.